本书得到长江科学院开放研究基金资助项目
（项目编号：CKWV2015216/KY）资助

孔板式消能工水力学特性

艾万政　著

海洋出版社

2015 年·北京

图书在版编目（CIP）数据

孔板式消能工水力学特性 / 艾万政著 . —北京：海洋出版社，2015.9
ISBN 978 - 7 - 5027 - 9225 - 1

Ⅰ.①孔… Ⅱ.①艾… Ⅲ.①消能建筑物（水利）－水力学－研究
Ⅳ.①TV653

中国版本图书馆 CIP 数据核字（2015）第 200647 号

责任编辑：郑跟娣
责任印制：赵麟苏

海洋出版社 出版发行

http：//www.oceanpress.com.cn
北京市海淀区大慧寺路 8 号 邮编：100081
北京朝阳印刷厂有限责任公司印刷 新华书店发行所经销
2015 年 9 月第 1 版 2015 年 9 月北京第 1 次印刷
开本：787mm×1092mm 1/16 印张：8.75
字数：207 千字 定价：38.00 元
发行部：62132549 邮购部：68038093 总编室：62114335
海洋版图书印、装错误可随时退换

前　言

随着高坝建设的发展，高坝下泄水流"深峡谷、高水头、大流量、多泥沙"的特点更为突出。以溪洛渡水电工程为代表的高坝泄洪能量达到世界之最，泄洪消能成为高坝建设最关键的技术问题之一。在传统的消能方式基础上，新型消能工的开发和应用，一直是水利水电工程建设的重要问题。因地制宜将导流洞改建成永久泄洪洞，在泄洪洞内进行合理消能，有利于导流洞的利用，既便于工程泄水建筑物的布置，又可以减少工程投资。

孔板和洞塞消能是洞内消能的重要途径，在洞内利用水流的突缩和突扩进行消能的方式，统称为突缩突扩式内消能工。孔板和洞塞消能工具有经济、布置简单和消能效率高的特点，国内外对此类消能工开展了大量的研究，取得了长足的进展。对于孔板类消能工，仍然有一些问题值得研究。

其一，作为突缩和突扩式消能工，孔板和洞塞在消能机理上有相似之处，但是孔板与洞塞由于在流态上的显著差异，致使孔板与洞塞在消能特性和空化特性方面也有区别。因此，从流态上，区划孔板与洞塞仍然是一个重要的问题。其二，孔板利用水流的突缩和突扩形成回流区，通过回流区强烈的水流剪切和摩擦来消能。但是在以往的研究中，关于孔板的回流区长度特性以及孔板厚度对消能的影响的定量研究相对较少。此外，建立孔板消能工水头损失系数与其结构参数和水力参数的定量关系，对于此类消能工的设计和运用也有重要的参考作用。其三，孔板与洞塞在体型上有区别，导致二者在消能特性及空化特性方面存在区别，因此有必要探讨孔板与洞塞这两类消能工水力学特性的差异问题。其四，孔板有较多的体型，如平头孔板、锐缘孔板、坡形进口孔板等，由于体型差异各类孔板在水力学特性方面各有特点。从方便实际工程应用角度出发，有必要探讨孔板体型对其水力学特性的影响问题。其五，孔板空化特性直接关乎孔板泄洪洞的安全，孔板初生空化数与相关体型要素及水力学要素之间的关系，有必要进一步研究。其六，在综合考虑孔板的消能特性和空化特性的基础上，在多级孔板设计中，各级孔板的结构参数，如孔径比、孔板的厚度等的合理选取和协调是孔板消能工运用的一个重要问题。

针对以上问题，本书通过理论分析，运用数值模拟和物理模型试验的方法，对孔板与洞塞的划分、孔板的消能特性、孔板的空化特性和多级孔板设计等方面进行了较系统的研究。本书的主要创新成果包括以下几项。

（1）提出了临界厚度的概念，以水流收缩后形成的射流是否达到消能工下边缘为判断标准，建立了孔板与洞塞流动的划分方法。

（2）通过理论分析和数值模拟的方法，建立了孔板的能量损失系数和孔板孔径比和厚度定量的经验表达式，并用物理模型试验对该表达式进行验证。

（3）对不同体型孔板以及孔板与洞塞进行了比较研究，并得出了一些有益的结论，以便于工程实际应用。

（4）通过数值模拟研究，建立了孔板最低壁面压强系数的经验表达式，并用减压模型试验论证了孔板空化特性与相关因素之间的关系。

（5）在理论分析相关研究成果的基础上，定义了等空化安全余量（即各级孔板的水流空化数与初生空化数之差相等），提出了多级孔板设计的一般原则和方法，并以一个案例，用数值模拟和物理模型试验（包括减压模型和常压模型）对两级孔板消能方案的设计结果进行了验证。

本书得以顺利出版应该感谢长江科学院开放研究基金资助项目（项目编号：CKWV2015216/KY）的资助，更应该感谢我的导师吴建华教授，全书由吴老师主审。吴老师对本书的出版提出了很多指导性的意见和建议，没有吴老师的指导，本书不可能出版。另外，还感谢本书的相关参写人员，中国电力建设集团中南勘测设计研究院周琦，长江水利科学研究院李波，对他们的辛勤劳动表示感谢！

当然对问题的看法和研究不可能至善至美，本书还会有很多不足之处，希望广大水利专家和读者批评指正。

作者

2015 年 6 月

目　次

1 绪 论

本章对孔板式消能工研究现状进行回顾与评述，针对目前孔板式消能工需要解决的问题，提出本书的研究内容及采取的技术路线。

1.1 问题的提出

1.1.1 传统的消能方式

现代的大坝坝高已经超过 300 m 等级。高坝下泄水流的特点是"深峡谷、高水头、大流量、多泥沙"。如在建的溪洛渡水电工程，坝高达到 278 m，下泄流量达到 50 311 m^3/s，其泄洪功率近亿千瓦。下泄水流具有如此大的能量，如果不进行合理消能，势必会对工程造成安全隐患。常见的消能方式有挑流消能、底流消能、面流消能以及它们的改造形式等。

挑流消能[1]是高坝消能最常见的消能方式。它是借助泄水道末端设置的挑坎，使下泄高速水流自由抛射，在空气中扩散、掺气乃至碰撞，同时利用水舌跌入水垫形成淹没射流的紊动扩散来消散下泄水流的巨大动能，使之与远离坝体的下游缓流相衔接，从而减轻对下游河床的冲刷，确保大坝或泄水道的安全泄洪。这种消能方式的优点是：工程设施简易；挑流鼻坎的体形变化具有很大的灵活性，适应下泄单宽流量和尾水变幅较大的水流，并且可以利用不同的坎型改变射流形状与分散度，灵活调整水舌入水点和入水单位面积的流量；改善消能效果，减少下游防冲措施，节省工程投资。因此，挑流消能在国内外泄水工程中采用甚多，特别对于高坝枢纽，它的应用更为广泛。挑流消能于 1933 年被首次应用于西班牙的里科拜约（Ricobayo）重力拱坝的溢洪道出口，并于 1936 年首次应用于法国的马立奇（Marèges）拱坝的滑雪式溢洪道上。我国较早采用挑流消能方式之一的是建于 1953 年的丰满水电站，该水电站是由底流消能改建而成，且收到了良好的消能效果。

底流消能又称为水跃消能，也是一种古老的消能方式，在中低水头的溢流坝中应用较多。底流消能是利用高速射流在消力池内受到尾水的顶托后，通过水跃转变为缓流，将射流中所含有的巨大动能，一部分转换为尾水水深外，其余部分则通过旋滚转化成热能。底流消能的优点是经消力池完成主要消能作用后，出流为缓流，流态较稳定，冲刷能力较小，一般不会发生严重的局部冲刷；此外，底流消能的雾化问题也较小。底流消能在现今高坝泄洪建筑物中所占的比例较小，但其中也不乏一些成功的工程实例。俄罗斯的萨扬 – 舒申斯克（Sayano-Shushensk）坝，坝高 242 m，设计流量 13 600 m³/s[2-3]，是目前世界上采用底流消能的最高坝，它代表了底流消能的世界水平[2-3]。我国采用底流消能工的泄量最大工程是五强溪水电站，坝高 85.5 m，设计流量 49 566 m³/s[2-3]。

面流消能常用的有跌坎式和戽斗式两种。前者坎高较大，挑角较小；后者则相反。跌坎式消能工利用设置在溢流坝或溢洪道末端的垂直跌坎将下泄水股送到下游表面，使水股在水流表面自由扩散，在表面主流与河床之间形成旋滚。这种旋滚不但起着消能作用，而且使高流速水流靠近上部，有利于减弱水流对河床的冲刷。一般不需设置消力池或护坦，以节省工程造价。戽斗式消能工是在泄水建筑物末端设置半径较大、挑角略大的反弧戽斗，射流水股以较大的曲率挑离戽斗时可产生较大的涌浪，当尾水较高时在戽斗内产生强烈的旋滚，形成典型的"一波三滚"流态。面流消能的流态对尾水位变动非常敏感，在某些尾水位下游水面波动较大，波动沿河道传播较长，对于岸坡稳定、电站运转以及航运都可能产生不利影响。并且在泄流时，闸门必须坚持同步开启方式，否则达不到设计所要求的流态，极易造成工程破坏。所以对于高水头大流量泄洪建筑物，采用面流消能的工程实例不多。较晚建造的石泉水电站溢流坝，经过多家的试验研究和较充分的论证，最后采用了 45°挑角的单圆弧大戽斗面流消能，建成后运行情况还是相当好的[4]。

挑流消能、底流消能和面流消能这 3 种传统消能方式在过去坝工建设中占据主导地位。近 30 年来，随着我国高坝建设的发展，在外部泄洪消能方式上有了新的发展。这种新的发展主要体现在对这 3 种传统消能方式的改造方面[5-7]。例如,对于挑流消能而言,挑流鼻坎的形式早期为连续坎或差动坎,但是近年来在高坝建设的推动下,发展了多种体型包括扩散坎、斜挑坎、扭曲坎、高低坎、长短坎、舌状坎、窄缝坎和掺气分流墩等。底流消能的改造是随着低弗氏数,大单宽流量的消能问题而展开的。低弗氏数水跃的显著特点是在消力池内水流消能不充分,消能率一般为20%~40%,跃后垂线流速分布不均匀,水跃后水面波动较大。为解决低佛氏数水跃消能的问题,常常采取如下改造措施:适当降低单宽流量、扩宽消力池或设二三级消力池;采用各种辅助消能工以稳定水跃;增设消浪措施,使跃后水流能达到相对平静等。

传统的消能方式在一定程度上能够较好地解决消能问题,它们具有以下共同特点[8]。

(1)占地面积大。传统消能工不但其主体工程需要占据大量空间,而且还要修建一些辅助设施才能发挥消能作用。例如:挑流消能为了减小对下游河道的冲刷,还必须修建防冲设施;底流消能为了改变水跃区水流运动的边界条件,还必须辅以修建各种墩和坎等;有些消能工空蚀破坏的危险较大,为了减少空蚀的危险还要修建掺气减蚀设施[9-13]。

(2)工程造价大,浪费严重。一套完整的外部消能工的修建,少则几百万,多则上千万甚至上亿。另外,修建大坝时的导流洞在工程完工以后不能重新利用,造成极大浪费。

(3)应用条件受限。对于每种传统消能方式不是在每个工程中都能应用,各种消能方式均有其实用条件。例如,对于尾水偏低但基岩较好的工程才能选择挑流消能方式;面流消能必须选择在丰水河上,且要求地质岩基好、中水头、低弗劳德数和下游通航要求不高的地域。

(4)雾化问题严重。传统消能工在高速泄流时,水流会与空气或边界相互作用而产生雾化水流。这种雾化水流不但会使周围能见度下降,对航运造成不利影响,而且还会让两岸边坡不稳,发电设备受损,周围生活环境遭到破坏。

1.1.2 水电工程建设现状

人类社会的发展离不开能源。随着工业化程度加剧和人口的增加,人类对能源的需求会越来越大。水能具有无污染和可再生利用的特点，是能源的重要组成部分，因此世界各国每年都要消耗大量的人力、物力来修建水电工程。近几年来，世界大坝的建设逐步向高水头和深峡谷方向发展，各种高坝层出不穷（国外高坝建设情况见表1.1）。这主要是由两个方面的原因造成，一方面是科技的进步，为建设高坝提供了充分的技术保障；另一方面，世界上易于开发建坝的地方早已开发，未来建坝选址必然要向峡谷地区发展。峡谷地区一般地域狭小且水流落差较大，在这样的地域建坝必然水头也较高[14]。

表 1.1 国外高坝建设情况

坝名	坝高/m	泄洪流量/（m³·s⁻¹）	所在国家	建造情况
罗贡（Rogun）	335	3 500	塔吉克斯坦	已建成
努列克（Nurek）	300	4 040	塔吉克斯坦	已建成
英古里（Ingulskia）	272	2 500	格鲁吉亚	已建成
奇科森（Chicoasen）	261	17 370	墨西哥	已建成
埃尔卡洪（El Cajon）	226	4 000	洪都拉斯	已建成
胡佛（Hoover）	221.4	11 400	美国	已建成
姆拉丁其（Mratinje）	220	2 200	南斯拉夫	已建成
格兰峡谷（Glen Canyon）	216.4	7 815	美国	已建成
迪兹（Dez）	203	6 000	伊朗	已建成
阿米尔·卡比尔（Amir Kabir）	200	16 200	伊朗	已建成

在我国，深峡谷和高水头地域建坝的趋势显得尤为突出。我国水电建设与经济发展密切相连，在东部地区经济较发达，但可开发的水资源较少；在中西部地区经济欠发达，但可开发的水资源丰富。因此，我国未来水电建设必然向中西部转移。我国中西部水能资源的突出特点是河流的河道陡峻，落差巨大。发源于"世界屋脊"青藏高原的大河流长江、黄河、雅鲁藏布江、澜沧江、怒江等，天然落差都高达 5 000 m 左右，形成了一系列世界上落差最大的河流，这是其他国家所没有的。按照国家制定的"西电东送"发展规划，到 2020 年底，西部地区的贵州、云南、四川水电

开发的总装机容量分别要达到 16 300 MW、53 100 MW 和 64 600 MW，开发程度分别达到 86%、54% 和 64%。这意味着我国未来大坝的建设也向着深峡谷和高水头方向发展[15]。国内部分高坝建设情况见表 1.2[16-19]。

表 1.2 国内高坝建设情况

坝名	坝型	坝高/m	泄洪流量/（$m^3 \cdot s^{-1}$）	所在省份	建造情况
双江口	堆石坝	312	8 000	四川	在建
锦屏一级	拱坝	305	10 074	四川	在建
小湾	拱坝	292	20 683	云南	在建
溪洛渡	拱坝	278	50 311	云南	在建
糯札渡	堆石坝	258	35 300	云南	在建
二滩	拱坝	240	23 900	四川	已竣工
水布垭	堆石坝	232	15 243	湖北	已竣工
构皮滩	拱坝	225	26 950	贵州	在建
龙滩	碾压混凝土重力坝	216	35 500	广西	已竣工
三峡	重力坝	181	102 500	湖北	已竣工

深峡谷高坝向泄洪消能提出了新的挑战，与一般的水利工程相比，其泄洪消能表现出的特点有以下几点。

（1）水头高。溪洛渡和小湾的坝高接近 300 m。水头高导致流速大，一般均超过 30 m^3/s，有的超过 50 m^3/s[20]。高速水流问题（脉动振动、空化空蚀、掺气雾化、磨损磨蚀、冲刷）十分突出。

（2）大流量。如向家坝超过 40 000 m^3/s，溪洛渡超过 50 000 m^3/s[19]。

（3）单宽流量大。由于我国的水电站多建设在河谷狭窄的地段，所以单宽流量都比较大。在过去，如果单宽流量达到 100～150 $m^3/$（s·m）就认为单宽流量比较大。可是现在，单宽流量已突破 200 $m^3/$（s·m），少数甚至接近 300 $m^3/$（s·m），如天生桥水利工程，其堰顶单宽流量达到 335 $m^3/$（s·m）[19]。

（4）泄洪功率大。很多高坝下泄功率达数千万千瓦，如溪洛渡水利工程，其泄洪功率达到近亿千瓦[19]。带有如此巨大能量的水流需要安全下泄，使泄洪消能任务相当繁重，给消能防冲也带来极大的困难。如何采取切实有效的措施来解决这一问题成为建坝技术的关键难题之一。

1.1.3 开展孔板式消能工相关研究的意义

深峡谷高坝下泄的水流具有高水头、大流量和泄洪功率巨大的特点。传统的消能方式不仅带来的雾化问题严重，而且如果在高坝下游修建传统消能工，还需要建设其他辅助的防冲设施。峡谷地区可开发利用的空间有限，传统消能方式应用于峡谷地区有时受到局限。另外，在深山峡谷地区修建高坝枢纽，坝址多位于峡谷河床，不宜采用河床分期导流，也不能应用明渠导流，故有时需要采用隧洞导流方式。工程完成之后，如果采取传统消能方式而不对导流洞加以利用，那将造成巨大的浪费。如何将导流隧洞改建为永久性泄洪洞，是一项具有重大经济效益的工程，因此一直受到国内外广泛关注。如苏联拉波[21]主持编写的《泄水建筑物水力计算手册》中关于水利枢纽工程施工导流的基本原则，就提出了"要论证导流建筑物作为永久泄洪建筑物和发电建筑物的可能性和完全地或部分地利用永久泄洪建筑物宣泄施工流量的可能性"。国外利用导流洞来泄洪的实例较多，例如，当前国外最大的导流洞为俄罗斯的布列衣和塔吉克斯坦努列克，导流洞尺寸均宽 17 m，高 22 m，前者两条导流洞均改建成永久泄洪洞，后者 3 条导流洞改建了两条[22-24]。从坝高来看，国外坝高 200 m 级的工程，如加拿大的麦卡和新美浓坝都曾将导流洞给予利用。甚至在 300 m 级的水电工程中也有将导流洞充分利用的先例，如塔吉克斯坦的罗贡坝和努列克坝均有将导流洞改建为泄洪洞和放水孔的实践应用[22-24]。然而在我国，由于受到一些客观因素的影响，导流洞永久利用偏低。我国在 200 m 以上的高坝工程中，将导流洞改建为永久泄洪洞的实例就很少。我国已建或拟建的 100 m 至 200 m 级坝高工程中，也只有大约三分之一的工程将施工导流洞利用为永久建筑物[24-25]。

孔板式消能工是建设在建筑物内部，依靠孔板的特殊体型，急剧改变水流流态，在水流内部形成紊动掺混和涡旋来集中消耗水流的能量，降低水流速度，达到保护泄洪建筑物和泄洪消能的目的。与传统的消能工比较起来，孔板式消能工具有以下明显的特点：其一，孔板式消能工的泄洪洞只需要把原来的导流洞适当改建即可，这样可以大大节约投资成本，优化布置结构；其二，孔板式消能工一般是在泄洪洞内完成消能，不但没有雾化问题，而且还可以最大限度地保护原生态河道；其三，孔板式消能工修建在地下，几乎不占用地面空间，能适应深峡谷地域有限的特点；其四，孔板式消能工具有良好的消能效果，且空化破坏风险也小。以黄河小浪底工程为例，小浪底工程中的三级孔板能把水流的流速从原来的 52 m/s 减少到不足 35 m/s，且消能率高达 40% 以上[26-27]。截至目前，还未有小浪底工程发生空蚀破坏的报道。

孔板式消能工与竖井式洞内消能工相比较，也具有自己的优势。虽然采用竖井消能方式消能效率较高[28-32]，但由于竖井段需要大量掺气，水气二相流在有压竖井段的动水压强很大，这样造成流态很差，必须平洞段排气[33-35]；同时竖井消能还会出现在洞尾明流转变为有压流，在出口处容易出现间断性气囊等不利的水流情况[34,36]；另外竖井结构比较复杂且安装难度大。例如，旋流竖井消能工不仅竖井段设计要很高要求，而且还要建造蜗室，而蜗室结构更加复杂。与竖井式洞内消能工相比，孔板式消能工具有布置简单和经济的优点[37-39]。

孔板式消能工在消能机理上与洞塞类似。但是它们两者在流态上存在区别。传统的观点认为[40-43]，消能工的厚度是区分孔板与洞塞的关键，消能工的厚薄会导致在消能工内部出现以下两种流态：如果消能工比较薄，水流收缩后还来不及扩展到消能工边壁而直接进入到下游泄洪洞，此类较薄的消能工通常被称作孔板。孔板流态如图 1.1 所示。如果消能工比较厚，水流就会在消能工内部形成一个收缩断面，然后扩大到整个消能工内壁并附壁流动，当流动到消能工末端时水流会再次扩展到整个泄洪洞，具有此类流态特征的消能工通常被称作为洞塞，也有人通常称其为厚孔板。洞塞流态如图 1.2 所示。关于孔板和洞塞的划分还只是一个粗略的概念，到目前为止还没有明确的区分标准，因此有必要对孔板与洞塞加以划分。

孔板式消能工布置简单且经济适用，因此，开展孔板式消能工水力学特性相关问题的深入研究是必要的。

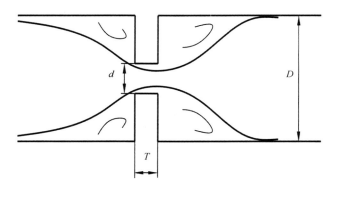

图 1.1　孔板流态

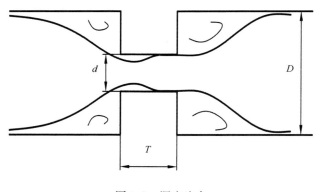

图 1.2　洞塞流态

1.2　孔板式消能工发展历程

　　早期的孔板和洞塞主要被应用于管道，前人通常在管道内部安装适当的孔板或洞塞以用于流体量测和管道节流等[44-46]。后来随着科技的进步，孔板和洞塞被广泛应用于电子、化工和生物医学等各个领域[47-51]，如在化学反应混合器和集成电路散热器上常常可以看到孔板或洞塞的应用。18世纪中叶，人们发现利用孔板或洞塞可以导致水流能量的损失。波达于1766年就系统地研究了突扩水流的水头损失，并提出了著名的波达公式[52]。孔板和洞塞应用于水利消能始于20世纪70年代。当时在加拿大的麦加大坝水利工程中[53]，将两个间隔为 104 m 的钢筋混凝土塞安装于直径为 13.7 m 的导流洞内。洞塞在麦加大坝的应用开辟了缩放式内消能工在水利工程中应用的先河。我国于 1988 年的黄河小浪底工程采用三级锐缘孔板消能（图 1.3 和图 1.4）。当时三级孔板的泄洪洞是由内径为 14.5 m 的导流洞改建而成。小浪底工程是目前世界上最大的采用孔板式消能工的范例，其消能功率达 2 700 MW，消能总水头为 29.95 m，占总水头的 40.2%，其中第二级和第三级孔板的实测消能水头为 13.59 m，占总水头的 18.2%，消能效果极为显著[54-55]。

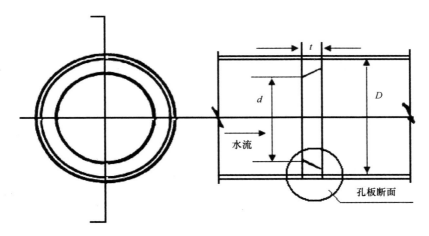

图 1.3 黄河小浪底孔板结构示意图

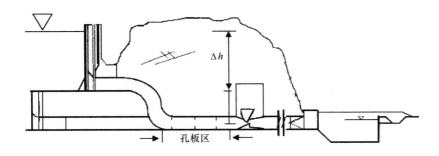

图 1.4 黄河小浪底孔板泄洪洞剖面图

孔板式消能工自从在大型水利工程中成功应用以后，到现在已经发展成多种体型，如孔板有平头孔板、锐缘孔板、平头加锐缘孔板和倒角孔板等[56-57]，洞塞有顺直洞塞、台阶洞塞、组合洞塞和收缩洞塞等[43]。各种孔板和洞塞体型如图1.5和图1.6所示。虽然孔板和洞塞有很多体型，但平头孔板和顺直洞塞分别是孔板和洞塞的基本体型，其他体型都是在它们两者的基础上适当变形而成的。

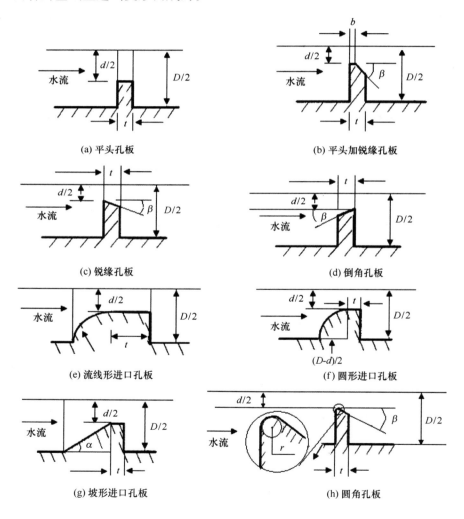

图 1.5　各种孔板体型

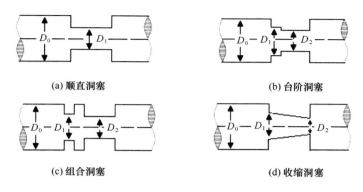

(a) 顺直洞塞　　　　　　　　　　　　(b) 台阶洞塞

(c) 组合洞塞　　　　　　　　　　　　(d) 收缩洞塞

图 1.6　各种洞塞体型

1.3　孔板式消能工研究现状

1.3.1　孔板式消能工研究方法

　　孔板式内消能工周围的水流不仅有强紊动和强剪切特性，而且水流里面常常有各种各样的大小漩涡，其周围的水流流态极其复杂，水流的流动往往涉及三维运动空间[58-60]。因此对于孔板式消能工水力学特性的研究，难以从理论上给出准确的数学表达式。前人对于孔板式消能工的研究常常是采用理论分析和经验数据相结合的方法，得到有关其水力特性方面的半理论和半经验公式，取得了良好的效益。

　　经验数据的取得是水利学研究中极其重要的环节。取得经验数据常用的途径有原型观测[61]、水工模型试验[62-64]和数值模拟[61,65-67]。原型观测往往机会较少，一般只有在条件许可时才能得到。2004 年 4 月，小浪底工程 1 号孔板进行了原型观测试验研究，主要针对小浪底工程中的孔板消能工的消能特性、空化特性以及震动特性进行较翔实的研究。原型观测库水位为 210.2 m，流量为 1 200～1 300 m³/s，观测历时 24 h。原型观测的结果见表 1.3[61]。将原型观测的结果与水工模型试验的结果进行对比发现，按照一定的相似原则来进行水工模型试验的成果与实际结果吻合良好。相对于原型观测而言，水工模型试验的机会较多，但水工模型试验必须考虑比尺效应的影响[68-71]。

表 1.3   水流初生空化数模型试验与原型观测结果对比

库水位 /m	210.18~210.28 (原型观测)			234.05~234.15 (原型观测)			模型试验		
初生 空化数	No.1 孔板	No.2 孔板	No.3 孔板	No.1 孔板	No.2 孔板	No.3 孔板	No.1 孔板	No.2 孔板	No.3 孔板
	5.77~ 5.85	5.55~ 5.65	4.93~ 5.03	5.88~ 6.14	5.72~ 6.05	5.06~ 5.38	5.85	5.55	4.90

水工模型试验是研究水利问题的有效途径。模型与实物之间往往存在比尺效应，因此水工模型试验一般按照相似准则来设计。但比尺效应完全消失往往是不可能的，只有在条件许可时尽量减少比尺效应的影响。实践证明，研究孔板式消能工的消能特性，往往按照重力相似的原则来设计模型就能达到较高的要求，一般能满足工程实际的要求。对于研究孔板式消能工的空化特性，除了满足重力相似原则以外，一般还要满足真空度相似[72-75]。真空度相似计算公式和常见物理量的重力相似比尺分别见式（1.1）和表 1.4。

$$\eta = 1 - \frac{(h_v)_m}{h_a} - \frac{(h_a)_p}{L_r h_a} + \frac{(h_v)_p}{L_r h_a} \tag{1.1}$$

式中，η 为减压箱的真空度；h_a 为大气压力水柱；h_v 为一定温度下的蒸汽压力水柱；下标 p 为原型参数；下标 m 为模型参数。

表 1.4   常见物理量的重力相似比尺

	速度	流量	水头	压强	糙率
比尺	$\lambda^{0.5}$	$\lambda^{2.5}$	λ	λ	$\lambda^{1/6}$

数值模拟的方法具有简单和经济的特点，常常辅助水工模型试验来说明实际问题。国内外很多学者很早就将数值模拟的方法应用于研究突缩突扩流，取得了一些重要成果。如早在 1977 年，Moon 用标准 $k-\varepsilon$ 模型来研究突扩回流区长度，数值模拟的结果与实验得到的结果吻合良好[76]。在国

内，苏铭德、支道枢、何子干、郭金基、方红等人[77-83]都曾用数值模拟的方法研究过孔板或洞塞的水力特性。他们数值模拟的成果也表明：数值模拟经济有效，是研究缩放式消能工一种不可缺少的有效手段。数值模拟常用的流体运动的基本方程还是 $N-S$ 方程。由于突缩突扩流的边界条件复杂，且一般是紊流，很难用解析法得出流场的表达式。在实际应用中，是把时均化的 $N-S$ 方程作为基本方程，结合连续方程和附加的方程得到一些数学模型，用这些数学模型来描述突缩突扩流的流动，然后通过数值求解得出流场特性[84-86]。数值模拟常用的数学模型是 $k-\varepsilon$ 标准模型和大涡模拟模型[87-90]。其中标准 $k-\varepsilon$ 模型由于应用简单且精度较高而受到广大水利工作者的青睐。$k-\varepsilon$ 标准模型的基本方程包括连续方程、动量方程、紊动能方程和紊动能耗散率方程，它们在圆柱坐标下可统一写成如下的通用形式[91-92]：

$$\frac{\partial}{\partial x}(\rho r U \Phi) + \frac{\partial}{\partial r}(\rho r V \Phi) = \frac{\partial}{\partial x}\left(r\Gamma_{\Phi}\frac{\partial \Phi}{\partial x}\right) + \frac{\partial}{\partial r}\left(r\Gamma_{\Phi}\frac{\partial \Phi}{\partial r}\right) + rS_{\Phi} \quad (1.2)$$

式中，U 和 V 分别为纵向（x 方向）和径向（r 方向）的速度分量；Φ 为通用变量；S_{Φ} 为源项；Γ_{Φ} 为 Φ 的扩散系数，在不同的方程中有不同的表达形式，见表 1.5。

表 1.5　通用方程中的 ϕ、Γ_{ϕ} 和 S_{ϕ}

方程	ϕ	Γ_{ϕ}	S_{ϕ}
连续性方程	1	0	0
x 方向动量方程	U	μ_e	$-\frac{\partial p}{\partial x} + \frac{\partial}{\partial x}\left(\mu_e\frac{\partial U}{\partial x}\right) + \frac{1}{r}\frac{\partial}{\partial r}\left(r\mu_e\frac{\partial V}{\partial x}\right)$
r 方向动量方程	V	μ_e	$-\frac{\partial p}{\partial x} + \frac{\partial}{\partial x}\left(\mu_e\frac{\partial U}{\partial r}\right) + \frac{1}{r}\frac{\partial}{\partial r}\left(r\mu_e\frac{\partial V}{\partial r}\right) - \frac{2\mu_e V}{r^2}$
紊动能方程	k	μ_e/σ_k	$G - \rho\varepsilon$
紊动能耗散率方程	ε	μ_e/σ_ε	$\frac{\varepsilon}{k}(C_1 G - C_2\rho\varepsilon)$

表 1.5 中，G 为紊动能方程的生成项，即：

$$G = \mu_t\left\{2\left[\left(\frac{\partial U}{\partial x}\right)^2 + \left(\frac{\partial V}{\partial r}\right)^2 + \left(\frac{V}{r}\right)^2\right] + \left(\frac{\partial U}{\partial r} + \frac{\partial V}{\partial x}\right)^2\right\} \quad (1.3)$$

μ_e 为有效黏性系数、系分子黏性系数和紊动黏性系数之和，即：

$$\mu_e = \mu_i + \mu_t \qquad (1.4)$$

其中紊动黏性系数 μ_t 按 Kolmogorov – Prandtl 公式由下式计算：

$$\mu_t = C_\mu k^2 / \varepsilon \qquad (1.5)$$

标准 $k - \varepsilon$ 模型中各经验常数通常按表 1.6 取值。

表 1.6　$k - \varepsilon$ 模型中常数的取值

C_μ	C_1	C_2	σ_k	σ_ε
0.09	1.44	1.92	1.00	1.30

1.3.2　孔板式消能工研究的主要成果

1.3.2.1　孔板式消能工的消能特性

消能效率是衡量孔板式消能工好坏的重要指标。为了研究方便，消能工消能效率的好坏常用水头损失系数来间接反映。水头损失系数的公式可以定义为：

$$\xi = \frac{\Delta H}{u^2 / 2g} = \frac{2(p_u - p_d)}{\rho u^2} \qquad (1.6)$$

式中，ΔH 为孔板前后断面的水头差；u 为泄洪洞内的平均流速或孔板内的平均流速；p_u 为孔板前未扰动断面的平均压强；p_d 为孔板后面水流恢复断面的平均压强。

孔板的水头损失包括突扩水头损失和突缩水头损失。水力学教材中提供的关于突扩突缩流的水头损失公式分别为[53]：

$$\xi = (1 - A_1 / A_2)^2 \qquad (1.7)$$

$$\xi = (A_2 / A_c - 1)^2 \qquad (1.8)$$

式中，ξ 是以泄洪洞内平均流速为参考值时的水头损失系数；A_1、A_2 分别为突扩前后的断面面积；A_c 为水流收缩断面的面积。其中，式（1.7）是关于突扩流的水头损失系数公式，式（1.8）是关于突缩流的水头损失系数公式。式（1.7）和式（1.8）均是在理想流体的基础上作了很多假设而推导出来的。对于孔板式消能工而言，泄洪洞中下泄的都是高速紊流，如果应用上面的公式来计算消能效率则与实际相差较大，必须经过适当修正才能使用。况且关于收缩断面大小的求取，目前还没有统一的公式，还必须依赖于其他的一些经验公式。

前人对孔板的消能特性作了大量的研究，研究结果表明，孔板的水头损失系数主要与孔径比及它们的体型密切相关[93-96]。归纳起来，前人关于孔板消能特性的研究成果，主要有以下几点。

（1）孔径比（孔径比是指孔板直径与泄洪洞直径的比值，即 $\eta = d/D$）是影响孔板水头损失系数的主要因素，孔径比越大，水头损失系数越小。

图 1.7[97] 给出了孔板水头损失系数与孔径比的关系。由该图可以看出孔板的水头损失系数均随孔径比的增大而减小。

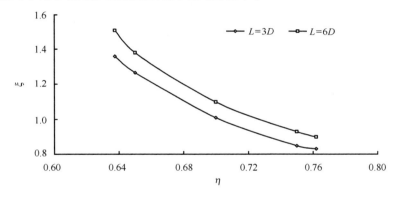

图 1.7 孔板的孔径比与水头损失系数的关系

很多文献除了对孔板式内消能工的水头损失系数作了定性的分析以外，还给出了定量的经验公式。文献［98］在主要考虑孔径比对孔板水头损失系数的影响时给出的经验公式为：

$$\xi = (1 + 0.707 \sqrt{1 - \eta^2} - \eta^2)^2 / \eta^4 \qquad (1.9)$$

式中，ξ 表示以泄洪洞内的平均流速为参考值时的水头损失系数；η 表示孔径比。洞塞与孔板在消能机理上有相似之处，洞塞研究的某些成果在研究孔板时也值得借鉴。四川大学刘善均等[63]通过理论分析和模型试验，提出了洞塞水头损失系数与孔径比的关系式为：

$$\xi = 1.75(1/\eta^2 - \eta^{0.5})^2 \qquad (1.10)$$

式中，ξ 表示以泄洪洞内的平均流速为参考值时的水头损失系数。

（2）当雷诺数较小时，孔板的水头损失系数随雷诺数的增大而增大，但当雷诺数达到 10^5 以上数量级时，雷诺数对孔板的水头损失系数影响不大。

图 1.8[26] 很清楚地反映出水头损失系数与雷诺数之间的关系。文献［99］在主要考虑孔板中雷诺数和孔径比的影响时给出的孔板水头损失系数经验公式为：

$$\xi = \left(\frac{1 - a\eta^2}{1 + a\eta^2}\right)\frac{1}{a^2} \tag{1.11}$$

式中，$a = \dfrac{c}{(1 - \eta^4)^{0.5}}$；$c = 0.589\ 9 + 0.05\eta^2 - 0.08\eta^6 + (0.003\ 7\eta^{1.25} + 0.001\ 1\eta^8)$

$\dfrac{10^3}{Re^{0.5}}$；ξ 是以管道平均流速为参考值时的水头损失系数；Re 是以管径和管中平均流速为参考值时的雷诺数。

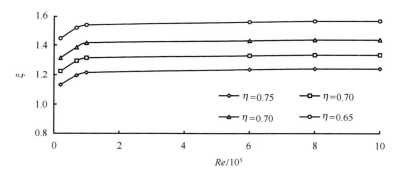

图 1.8　不同孔径比下水头损失系数随雷诺数的变化

（3）孔板的其他体型参数对它们的水头损失系数也具有一定的影响。

孔板体型越流线化，其水头损失系数越小。影响孔板体型的参数很多，这些因素包括孔板的厚度、顶部形状和入口形式等[100]。表 1.7[20] 分别列出了不同顶部形状的孔板水头损失系数（以孔板内的平均流速为参考值表示）；表 1.8[20] 反映了锐缘孔板顶部削角与其水头损失系数的关系（以孔板内的平均流速为参考值表示）。从表 1.7 可以看出，在锐缘孔板、平头孔板和倒角孔板三者之间比较，当孔径比相同时，锐缘孔板的水头损失系数最大，倒角孔板的水头损失系数最小，平头孔板居中。从表 1.8 可以看出，对于锐缘孔板而言，内缘削角可以从 0°到 90°变化，但阻力系数变化不显著；孔板内缘削角越大，水头损失系数越大，但这种趋势也只是在一定范围内突出，当内缘削角大于 30°时，这种影响较小。工程实际中考虑到结构安全，内缘削角一般取 30°。

在孔板前加消涡环不仅可以改变孔板中水流的流态，而且对减少空蚀破坏的危险很有好处。常见的消涡环一般厚度和高度相等，其体型如图 1.9 所示。消涡环尺寸的选择标准是在满足空化要求的前提下寻求孔板水头损失系数最大化。文献［37］对消涡环的结构尺寸进行了试验研究后认为，消涡环孔板的水头损失系数与无量纲数 $2b/(D-d)$ 有关（图 1.10），最理想的消涡环尺寸是让 $2b/(D-d)$ 范围在 0.55 ~ 0.62。

表 1.7　不同顶部形状孔板的水头损失系数

孔板形状	1#孔板		2#孔板		3#孔板		4#孔板		$\xi_{average}$
	η	ξ	η	ξ	η	ξ	η	ξ	
锐缘孔板	0.69	1.10	0.69	0.74	0.72	0.98	0.72	0.98	0.95
倒角孔板	0.69	0.59	0.69	0.42	0.72	0.45	0.72	0.51	0.49
平头孔板	0.69	0.87	0.69	0.85	0.72	0.78	0.72	0.63	0.78

表 1.8　锐缘孔板的顶部削角 β 与其水头损失系数的关系

β	$\eta=0.1$	$\eta=0.2$	$\eta=0.3$	$\eta=0.4$	$\eta=0.5$	$\eta=0.6$	$\eta=0.7$	$\eta=0.8$
5°	136.78	28.62	10.68	4.74	2.27	1.10	0.52	0.21
10°	143.29	30.07	11.25	5.02	2.42	1.18	0.57	0.23
15°	149.97	31.57	11.84	5.31	2.58	1.27	0.62	0.26
20°	156.78	33.12	12.45	5.61	2.75	1.37	0.67	0.29
25°	163.72	34.68	13.07	5.92	2.92	1.46	0.73	0.32
30°	170.75	36.27	13.71	6.23	3.09	1.56	0.78	0.34
35°	177.88	37.89	14.36	6.55	3.27	1.66	0.84	0.37
40°	185.08	39.54	15.01	6.87	3.44	1.76	0.89	0.39

β	$\eta=0.1$	$\eta=0.2$	$\eta=0.3$	$\eta=0.4$	$\eta=0.5$	$\eta=0.6$	$\eta=0.7$	$\eta=0.8$
45°	192.30	41.18	15.67	7.19	3.61	1.85	0.94	0.42
50°	199.57	42.84	16.32	7.51	3.78	1.94	0.98	0.44
55°	206.83	44.49	16.97	7.82	3.94	2.03	1.03	0.46
60°	214.08	46.13	17.61	8.13	4.10	2.11	1.07	0.48
65°	221.26	47.75	18.24	8.42	4.25	2.19	1.11	0.50
70°	228.37	49.34	18.85	8.71	4.39	2.26	1.15	0.51
75°	235.40	50.90	19.44	8.98	4.53	2.33	1.18	0.53
80°	242.28	52.42	20.02	9.25	4.66	2.40	1.21	0.54
85°	249.02	53.89	20.57	9.50	4.78	2.46	1.24	0.55
90°	255.59	55.32	21.09	9.73	4.90	2.52	1.27	0.56

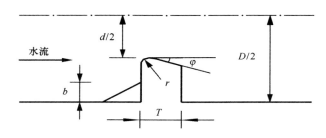

图 1.9　消涡环体型

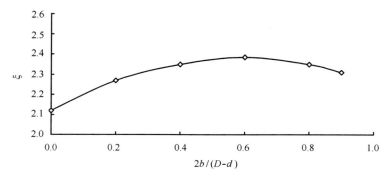

图 1.10　水头损失系数与消涡环尺寸关系

孔板厚度对于孔板水头损失系数的影响也不容忽略[102]。当厚度在 $t/d <$ 0.2（t 为孔板厚度，d 为孔径）的范围内变化时，ξ 的变化小于 5%；当厚度在 $0.2 < t/d < 0.6$ 的范围内时，改变孔板厚度，ξ 的变化较大；当厚度在 $t/d > 0.6$ 的范围内时，如果改变孔板厚度，ξ 的变化也不大[100]。

文献［98］在考虑孔板体型时，根据能量守恒和实测资料给出的孔板水头损失系数公式为：

$$\xi = \left[1 + \sqrt{\xi'(1 - \eta^2)} - \eta^2 \right]^2 / \eta^4 \qquad (1.12)$$

式中，ξ 是以洞内平均流速为参考值时的水头损失系数；ξ' 为取决于孔板顶部体型的形状系数，由经验公式给出。

对于孔板顶部有内缘削角的孔板：

$$\xi' = 0.5 - 8.3 \frac{r}{d} + 200 \left(\frac{r}{d} \right)^3$$

$$(1.13)$$

式中，$r/d < 0.06$；r 为孔板顶部边缘倒圆半径；d 为孔径。

对于孔板顶部无内缘削角的孔板：

$$\xi' = 0.5\exp(-15r/d) \qquad (1.14)$$

式（1.14）的应用范围为 $r/d < 0.12$。

（4）孔板水流突扩后，其后部会形成一个回流区。回流区也是孔板式内消能工的重要水力特性之一[101-103]，它与消能工的空化特性和消能效率密切相关。孔板后回流区长度同样受到孔径比、孔板形状和压力水头的影响。

表 1.9 回流区长度特性

η	L/D	Re
0.20	3.52	$(6.00 \sim 8.00) \times 10^4$
0.40	2.83	$(1.00 \sim 1.50) \times 10^5$
0.60	2.16	$(1.50 \sim 3.00) \times 10^5$
0.69	1.64	$(2.00 \sim 3.00) \times 10^5$
0.80	1.10	$(2.00 \sim 3.20) \times 10^5$

表 1.9 是文献［62］给出的关于孔板后回流区长度的一些实测数据，

由该表可以看出：当雷诺数达到 10^5 以上时，雷诺数对回流区长度的影响不大；回流区长度随孔径比的增大而减小。

（5）对于多级孔板而言，一般认为，孔板间距也是影响消能系数的一个因数。

图 1.11[97] 是文献给出的关于水流的恢复长度与孔径比之间的关系曲线，由该曲线可以看出：孔板的水头损失系数随间距的增加而趋近于常数；孔板间距一般达到 $3D$（D 为泄洪洞直径）时，孔板之间的相互影响比较小[97]，这主要与水流的恢复长度有关。孔径比越小，则恢复长度越大。

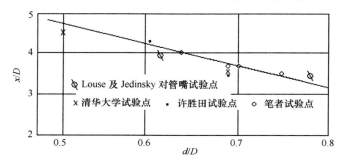

图 1.11　恢复长度与孔径比之间的关系

1.3.2.2　孔板式消能工的空化特性

空化现象是指水流在常温下，由于压强降低到某一临界值（一般情况为水的汽化压强）以下，水流内部形成空穴、空洞或空腔的现象[104-108]。空化按物理性质及其和边壁的相对运动状态分为游移空化、固定空化、漩涡空化和振动空化 4 种类型[109-112]。在水利工程中，空化现象所造成的影响主要体现在以下方面：造成建筑物的空蚀破坏；改变水动力学特性[112-113]；降低泄流能力；引起结构振动[114-117] 以及产生空化噪声[118-120]等。描述空化特性的物理量主要是空化数和初生空化数。初生空化数是泄水建筑物刚刚发生空化时的空化数。为了防止空化的发生，一般要求空化数大于初生空化数。孔板的初生空化数受到孔板的孔径比等几何尺寸、比尺效应和上游的来水状态等因素影响[121-127]。孔板的初生空化数可以定义为：

$$\sigma_i = \frac{p_u + p_a - p_v}{0.5\rho u^2} \tag{1.15}$$

式中，p_u 为水流刚刚发生空化时孔板前未扰动断面的相对压强；p_a 为大气压强；p_v 为水流的饱和蒸汽压；u 为泄洪洞内的平均流速。

文献 [37] 认为，孔板顶部形状越尖，孔板的阻力越大，初生空化数也越大；孔板的孔径比越大，其初生空化数越小。孔板的空化源主要有两个：一个是在孔板角隅处因边界层分离而产生的漩涡空化，这一空化气泡容易被水流带到下游泄洪洞边壁破裂，这一空化源可以通过加消涡环的途径加以解决；另外一个空化源位于水流剪切层内的低压区。孔板发生空化的危险程度可以用初生空化数来描述。文献 [37] 认为，孔板初生空化数是孔径比和阻力系数的函数，即：

$$\sigma_i = f(\eta, \xi) \tag{1.16}$$

该文献给出的关于孔板初生空化数的表达式为：

$$\sigma_i = A\eta^m \xi^n + C_p \tag{1.17}$$

式中，A、m、n 为经验常数；C_p 为紊动度影响的附加项。该文献通过整理试验资料得到 A = 4.35，m = 1.3，n = 0.5。

由于受到比尺效应的影响，各文献提出的孔板初生空化数的公式差别比较大。图 1.12 是该文献给出的体型不同的孔板的初生空化数与雷诺数的关系（其中曲线 4 和曲线 5 是同一种体型，只是两曲线的来流条件不同，所以导致两条曲线未重合）。该图表明，在雷诺数较小时，随着雷诺数的增大，初生空化数也随之慢慢增大。但当雷诺数较大时，雷诺数对初生空化数的影响几乎没有。该文献通过曲线拟合得到孔板的初生空化数的关系式为[37]：

$$\sigma_i = a - b\exp(-cRe) \tag{1.18}$$

式中，a、b、c 的取值与孔板体型有关，且 $b > c > 0$。如果考虑比尺效应的影响，则原型初生空化数与模型初生空化数的关系为[37]：

$$[\sigma_i]_p = [\sigma_i]_m + b\exp(-cRe) \tag{1.19}$$

式中，$[\sigma_i]_p$ 为原型初生空化数；$[\sigma_i]_m$ 为模型实测初生空化数，等号后第二项为考虑比尺效应的影响对初生空化数的修正。如果模型中 $Re > 7 \times 10^5$ 时，b 和 c 受其影响不大，二者的平均值可以被认为：$b = 175$，$c = 0.737 \times 10^{-5}$。

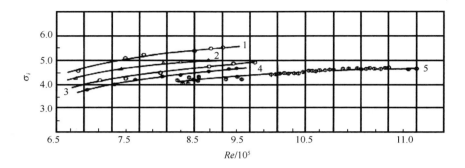

图 1.12　初生空化数与雷诺数、孔板体型的关系

1—1#孔板　$r_1 = 0.02$ m，$\eta_1 = 0.690$；2—2#孔板　$r_2 = 0.20$ m，$\eta_2 = 0.724$；

3—3#孔板　$r_3 = 0.06$ m，$\eta_3 = 0.724$；4—4#孔板　$r_4 = 0.30$ m，$\eta_4 = 0.724$；

5—5#孔板　$r_5 = 0.30$ m，$\eta_5 = 0.724$

1.3.2.3　孔板式消能工的脉动压强特性

　　脉动压强的产生不但可能引起建筑物的振动，而且还会使泄水建筑物发生空蚀破坏的风险加大。当压强脉动到最低振幅时，压强的瞬时值将大大降低，此时即使时均压强不是很低，但发生空化的可能性仍存在[128-129]。因此，有必要研究孔板式消能工的脉动压强特性。关于脉动压强的成因，大致有两种说法[130-131]。一种说法是涡成因说，即认为脉动压强是紊流边界层中多级漩涡随机性地混掺运动所引起的；另外一种观点则认为，由于水流的黏滞力、雷诺应力、边界阻力和边界等外部条件的改变，导致水分子做不规则的运动从而产生压强脉动。支持后一种说法的占大多数。

　　压强的脉动源于流速的脉动。对于孔板而言，水流通过孔板流动时突然缩小和突然扩大，流线变化剧烈。同时，在射流核心区外侧有回流区，回流区中还包括很多大小不一的次漩涡。因此孔板周围的水流剪切和旋滚作用都十分强烈，流态十分复杂。在孔板附近的水流，沿程时均流速变化明显，流速分布也非常不均匀（图 1.13[26]），因此孔板附近压强脉动显著。

　　孔板的流速脉动和压强脉动不但受到孔板体型和孔径比的影响，而且还与孔板之间的间距有关[132-134]。图 1.14 是文献 [135] 通过试验量测到

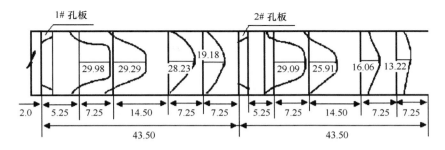

图 1.13 各级孔板消能室流态及流速分布（ $\eta = 0.69$ ）

的断面平均轴向脉动动能 C_u 的分布曲线。该曲线表明，锐缘孔板脉动动能最大，平头孔板的脉动动能居中，圆角孔板脉动动能最小。由此可见，孔板体型越呈流线型，水流的流速脉动和压强脉动会越小。文献 ［136］通过实际测量并和前人的研究结果对比后认为：当孔径比小于 0.65 时，脉动压力系数几乎不变，约为 0.5；当孔径比大于 0.65 时，脉动压力系数随孔径比的增加而迅速增大并在孔径比为 0.85 时达到最大值；当孔径比大于 0.85 以后，脉动压力系数便逐渐减小。该文献还认为，孔径比不宜大于 0.75，孔板圆化对减小脉动有益。

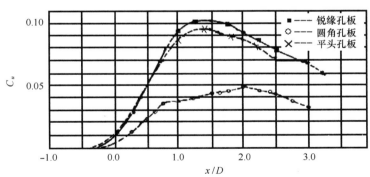

图 1.14 孔板断面平均轴向脉动动能分布

对于多级孔板而言，由于孔板之间的相互影响，各级孔板的压强脉动有所差别。孔板脉动压力幅值特性多用脉动压强均方根 δ 或用脉动压力系数 N 来表示。图 1.15 是文献 ［136］提供的三级孔板脉动压强均方根 δ 和脉动压力系数 N 分布情况。由该图可以看到：各孔板消能室的脉动压强最大值都是出现在孔板下游不远处，然后脉动压强慢慢变小且逐步在整个泄洪洞断面均匀化，当水流接近下一级孔板时，脉动压强又突然增大，这一点与水流的流速脉动很相似。该文献还指出，各消能室内脉动强度稍有差异，1 号孔板消能率高，但在其后的消能室内脉动强度最小；2 号孔板消能效率最差，因其来流条件也与 1 号孔板前不同，所以脉动压力强度在 2 号孔板下游的消能室内最大。脉动压力强度最大值发生的大概位置，在各消能室内也不尽相同，第一消能室内的最大脉动压强出现在孔板下游 $1D \sim$ $1.5D$ 之间的范围内（D 为泄洪洞直径）；其余各消能室内脉动压强最大值都在其相应孔板后 $0.5D \sim 1.0D$ 范围内。脉动压强测量的精度取决于测点的布置密集程度。

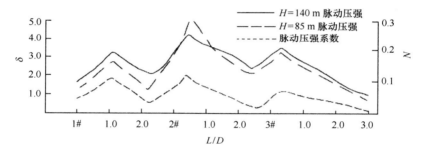

图 1.15　三级孔板脉动压强沿程分布

　　孔板下游漩涡区内脉动振幅概率密度函数分布接近高斯分布但偏离高斯分布，其图形多表现为尖峰型（图 1.16[136]）。孔板水流的最大脉动振幅为（$4 \sim 5$）δ，可以达到孔口流速水头 1.2 倍左右。最大脉动压强系数有时高达 30% 左右。孔板后脉动压强的优势频率为 $0 \sim 0.5$ Hz，其紊动特性属于低频大脉动范畴[136]。

1.3.3　当前研究中存在的主要问题

　　对于孔板类消能工，仍然有一些问题值得研究。这些问题主要包括以下几项。其一，作为突缩和突扩式消能工，孔板和洞塞在消能机理上有相似之处，但是孔板与洞塞由于在流态上的显著差异，致使孔板与洞塞在消能特性和空化特性方面也存在区别，因此，从流态上和水力学特性上来区

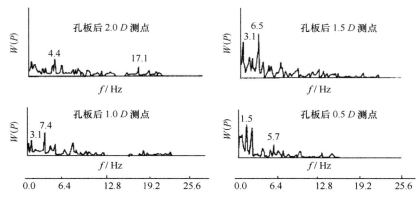

图 1.16　孔板水流脉动压强功率谱

别孔板与洞塞仍然是一个重要的问题。其二，孔板利用水流的突缩和突扩形成回流区，通过回流区强烈的水流剪切和摩擦来消能。但是在以往的研究中，关于孔板的回流区长度特性以及孔板厚度对消能的影响的定量研究相对较少，此外，建立孔板消能工水头损失系数与其结构参数和水力参数的定量关系，对于此类消能工的设计和运用有重要的参考作用。其三，孔板的水力学特性受到其体型的影响。为方便工程应用，对不同体型孔板水力学特性进行比较研究是很有必要的。其四，在综合考虑孔板的消能特性和空化特性的基础上，多级孔板设计中，孔板的结构参数，如孔径比、孔板的厚度等的合理选取，是孔板消能工运用的一个重要的问题。

1.4　本书研究的主要内容和技术手段

（1）在回顾和总结前人的研究成果的基础上，确定本书的主要研究内容。

（2）探讨孔板和洞塞在流动特性上的区别，研究孔板流动与洞塞流动的划分方法。

（3）通过物理模型试验及数值模拟的方法，探讨孔板与洞塞在水力学特性方面的区别。

（4）运用数值模拟的方法，对不同体型孔板的空化特性、消能特性进行比较研究。

（5）研究最常见的平头孔板水头损失系数与相关结构参数，如孔径比、孔板厚度等的关系，提出平头孔板水头损失系数的经验表达式，并用物理模型试验的结果加以验证。

（6）用数值模拟的方法，寻求平头孔板初生空化数与孔径比的关系，并用减压模型试验的结果进行验证。

（7）研究多级孔板设计的基本原则和方法。

2 孔板与洞塞的划分

本章从突缩突扩消能工流动的特点出发，阐述孔板流动与洞塞流动的区别；通过理论分析，探讨突缩突扩消能工流动的主要影响因素，提出临界厚度的概念；通过数值模拟研究，得到区分孔板流动和洞塞流动的方法和经验表达式。

2.1 临界厚度概念的提出

2.1.1 孔板与洞塞流动的区别

孔板与洞塞都是借助于水流的突缩和突扩，在水流内部形成强剪切与强紊动，将水流的大量机械能转换成热能而消散掉。虽然孔板与洞塞在消能机理方面有相似之处，但它们两者之间是有区别的。孔板与洞塞的最大区别表现在它们的流动特性上。水流流经洞塞收缩后并不是立即突扩，而是先突扩至整个洞塞断面并沿着洞塞纵向流动，当流到洞塞末端时，水流会再次突扩到整个泄洪洞断面，因此水流流经洞塞会经历一次突缩和两次突扩。而水流流经孔板时，水流突缩后的射流主体直接扩充到整个泄洪洞断面，因此水流流经孔板时只有一次突缩和一次突扩。

孔板与洞塞在流动特性上存在区别，因此孔板与洞塞在消能特性和空化特性方面必然存在区别。这些区别主要体现在以下几个方面：其一，由于水流在洞塞中的突扩次数比孔板多一次，因此水流流过它们两者时的能量损失存在差异。文献［20］认为洞塞水流比孔板水流多一次突扩，洞塞水流的突缩和突扩能量损失叠加值大于孔板水流。其二，在低压区，气核是最容易发育成气泡而出现空化的区域。孔板与洞塞相比，由于孔板水流直接突扩到整个泄洪洞，气泡也容易随水流带到下游边壁附近高压区破裂，因而孔板比洞塞存在更高的空化破坏危险。

2.1.2　临界厚度的概念

孔板与洞塞在流动特性上的区别是由于它们在厚度上存在差别所致[137]。当消能工较厚时，收缩后的射流主体来不及直接突扩至整个泄洪洞断面，而只能先突扩至整个消能工断面，并沿着消能工纵向流动，待流动到消能工末端时才会再次突扩至整个泄洪洞断面，此时就存在两次突扩，出现洞塞流态；相反，如果消能工较薄，收缩后的射流主体可直接突扩至整个泄洪洞断面，此时只存在一次突扩，出现孔板流态。

如果某一消能工为洞塞流态，在同等水流条件下，逐步减小消能工厚度，当厚度减小到一定程度时，消能工内的流态就会转变成孔板流态。在洞塞流态转变成孔板流态过程中，存在一临界厚度，如果消能工厚度超过此临界厚度时，出现洞塞流态；相反，如果消能工厚度小于此临界厚度，出现孔板流态。由以上分析可知，消能工的临界厚度（T_c）是指收缩后的射流主体恰好达到消能工下边缘的厚度。

2.2　临界厚度的量纲分析

划分孔板流态与洞塞流态的关键是寻找到收缩后的射流主体刚刚能射出消能工后角隅的临界厚度 T_c。临界厚度 T_c 与消能工体型参数和水流参数密切相关，这些因素包括：孔径比 η（$\eta = d/D$）、水流黏度 μ、水流密度 ρ 和泄洪洞内的水流流速 u。将影响临界厚度 T_c 的相关参数写成以下关系式：

$$T_c = f(d, D, \mu, \rho, u) \qquad (2.1)$$

上述 5 个物理量中选取 D、u、ρ 为 3 个基本物理量，由泊金汉 π 定理量纲分析法，得到无量纲方程为：

$$T_c/D = f(d/D, Re) \qquad (2.2)$$

定义临界厚径比 $\alpha_c = T_c/D$，式（2.2）变形为：

$$\alpha_c = f(\eta, Re) \qquad (2.3)$$

由式（2.3）可以看出：影响临界厚径比 α_c 的因素是孔径比 η（$\eta = $

d/D）和雷诺数 Re（$\rho u D/\mu = Re$）。因此，洞塞流态和孔板流态的划分是一个动态的概念，不能单纯以缩放式消能工的厚度来简单区分洞塞和孔板。当消能工厚度较大时，只要不断增加雷诺数，消能工内的水流就可以从洞塞流态转变成孔板流态。本章采取数值模拟的方法来研究临界厚度。

2.3　基于临界厚度的数值模拟研究

2.3.1　计算模型和边界条件

本章计算所选取的孔板（或洞塞）体型为平头体型（图 2.1）。数值模拟的方法较多[138-139]，本章拟采用 RNG $k-\varepsilon$ 模型来研究临界厚度。与标准 $k-\varepsilon$ 模型相比，虽然 RNG $k-\varepsilon$ 模型中的 k 方程和 ε 方程与标准 $k-\varepsilon$ 模型中的 k 方程和 ε 方程极为相似，但是 RNG $k-\varepsilon$ 模型通过修正湍动黏度，考虑了平均流动中的旋转及旋流流动情况。并且 RNG $k-\varepsilon$ 模型中的 ε 方程增加了一项，从而反映了主流的时均应变率[140-143]。因此，RNG $k-\varepsilon$ 模型可以更好地处理高应变率及流线弯曲程度较大的流动。

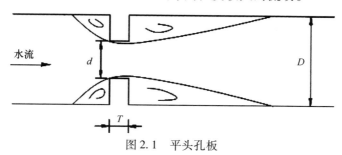

图 2.1　平头孔板

RNG $k-\varepsilon$ 模型的控制方程包括质量守恒方程、动量守恒方程、紊动能方程（k 方程）和紊动能耗散率方程（ε 方程）。这 4 个方程共同构成一封闭的方程组[144-146]。对于恒定且不可压缩的二维流动情况，它们的具体表达形式如下。

（1）质量守恒方程（连续方程）：

$$\frac{\partial u_i}{\partial x_i} = 0 \quad i = 1, 2 \tag{2.4}$$

（2）动量守恒方程：

$$u_j \frac{\partial u_i}{\partial x_j} = -\frac{1}{\rho} \frac{\partial p}{\partial x_i} + \frac{\partial}{\partial x_j} \Big[(\nu + \nu_t) \Big(\frac{\partial u_i}{\partial x_j} + \frac{\partial u_j}{\partial x_i} \Big) \Big] \quad i = 1, 2 \quad (2.5)$$

（3）k 方程：

$$u_i \frac{\partial k}{\partial x_i} = \frac{\partial}{\partial x_j} \Big[\alpha_k (\nu + \nu_t) \frac{\partial k}{\partial x_j} \Big] + \frac{1}{\rho} G_k - \varepsilon \quad i = 1, 2 \quad (2.6)$$

（4）ε 方程：

$$u_i \frac{\partial \varepsilon}{\partial x_i} = \frac{\partial}{\partial x_j} \Big[\alpha_\varepsilon (\nu + \nu_t) \frac{\partial \varepsilon}{\partial x_j} \Big] + \frac{1}{\rho} C_1^* G_k \frac{\varepsilon}{k} - C_2 \frac{\varepsilon^2}{k} \quad i = 1, 2 \quad (2.7)$$

式（2.4）至式（2.7）各参数的含义如下：x_i（$= x, y$）代表轴向和径向方向的坐标；u_i（$= u_x, u_y$）代表轴向和径向方向的水流流速；ρ 表示水流的密度；p 表示压强；ν 表示水流的动力黏度；ν_t 表示涡黏度，$\nu_t = C_\mu$（k^2 / ε），k 表示紊动能，ε 表示紊动能耗散率，$C_\mu = 0.085$。其他参数的取值如下：$C_1^* = C_1 - \dfrac{\eta (1 - \eta / \eta_0)}{1 + \lambda \eta^3}$，$\eta = Sk / \varepsilon$，$C_1 = 1.42$，$S = \dfrac{1}{2} \Big(\dfrac{\partial u_i}{\partial x_j} + \dfrac{\partial u_j}{\partial x_i} \Big)$，$\eta_0 = 4.377$，$\lambda = 0.012$；$G_k = \rho \nu_t \Big(\dfrac{\partial u_i}{\partial x_j} + \dfrac{\partial u_j}{\partial x_i} \Big) \dfrac{\partial u_i}{\partial x_j}$；$C_2 = 1.68$；$\alpha_k = \alpha_\varepsilon = 1.39$。

计算的边界条件包括入流边界、出流边界、对称轴边界和壁面边界。各边界条件的处理如下。

（1）入流边界：入流边界条件有入流平均流速、湍流动能分布、湍流动能耗散率的分布。其数学表达式为：$u_{in} = u_0$；$k = 0.0144 u_0^2$；$\varepsilon = k^{1.5} /$（$0.5R$）。其中，u_0 为入口平均流速；R 为泄洪洞半径。

（2）出流边界：假定出流充分发展，其数学表达式为：

$$\frac{\partial u}{\partial x} = \frac{\partial k}{\partial x} = \frac{\partial \varepsilon}{\partial x} = 0 \quad (2.8)$$

式中，u 为轴向流速。

（3）对称轴边界：假定径向速度为 0，且各变量沿径向的梯度也为 0，其数学表达式为：

$$\frac{\partial u}{\partial r} = \frac{\partial k}{\partial r} = \frac{\partial \varepsilon}{\partial r} = 0 \quad (2.9)$$

式中，u 为轴向流速；v 为径向流速。

（4）壁面边界：边界层流中采用无滑移假定，也就是说，壁面边界的速度与边界节点速度分量相等，这里采用壁函数法。

2.3.2 网格划分和计算方法

由于孔板与洞塞具有严格的轴对称性，因此本书所研究的孔板泄洪洞或洞塞泄洪洞水流的三维流动问题，完全可以简化为孔板泄洪洞或洞塞泄洪洞二维水流流动问题，二维水流问题的研究结论，完全可以真实反映三维流动问题全貌。为了让水流充分发展，计算的起始断面选取在消能工前 $6D$（D 为泄洪洞直径）处，终止断面选取在消能工后 $8D$ 处。这样做的目的是为了保证在流速较高的情况下能收敛。由于孔板泄洪洞是严格轴对称的，因此只选取泄洪洞轴断面以上的区域进行计算。计算的区域均划分为均匀网格，具体的划分方法如下：在纵向边界和横向边界上，每个泄洪洞直径长度范围取 100 个节点。因此整个计算区域网格总数为 70 000 + 5 000 $\alpha\eta$（α 为厚径比，η 为孔径比）。典型的计算网格如图 2.2 所示。

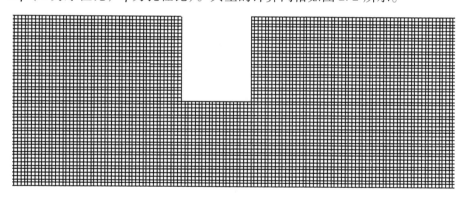

图 2.2　计算网格图

计算采用分离隐式求解，并且采用二阶迎风格式（Second Order Upwind Scheme）。二阶迎风格式在一阶迎风格式的基础上，充分考虑了物理量在节点分布曲线的曲率影响，并且二阶迎风格式的单个方程不仅包含相邻节点的未知量，而且还包括相邻节点旁边的其他节点的物理量。因此，二阶迎风格式求出的解绝对稳定，精度比一阶迎风格式高，假扩散问题也没有一阶迎风格式严重，比较适合于泄洪洞水流的数值模拟。数值模拟采用控制体积法，即在每个控制体积上对基本方程进行积分得到离散方程和交错网格。本文用 PISO 方法来解决压力场和速度场耦合问题，PISO 方法中采用了速度和压力的二次校正[143]，其中 p''（压力二次校正值）由下式计算：

$$a_P^{p''} p''_P = \sum_i a_i^{p''} p''_i + b_2 \tag{2.10}$$

$$b_2 = \rho_w \left[\frac{\sum_i a_i^U U'_i}{a_P^U} \right]_w \Delta r - \rho_e \left[\frac{\sum_i a_i^U U'_i}{a_P^U} \right]_e \Delta r + \rho_s \left[\frac{\sum_i a_i^V V'_i}{a_P^V} \right]_s \Delta x - $$

$$\rho_n \left[\frac{\sum_i a_i^V V'_i}{a_P^V} \right]_n \Delta x \tag{2.11}$$

其中上游结点速度的二次校正值可以表示为：

$$U''_e = \frac{\sum_i a_i^U U_i}{a_e^U} + (p''_P + p''_E) r \Delta r / a_e^U \tag{2.12}$$

$$U_e = U_e^* + U'_e + U''_e \tag{2.13}$$

压力 p 可以由下式给出：

$$p = p^* + p' + p'' \tag{2.14}$$

收缩后的射流主体是否冲出消能工的判断方法如下：如果消能工后角隅处出现了反向回流，则认为射流主体已经射出了消能工，否则就认为射流主体没有射出消能工。因此消能工后角隅刚刚出现反向回流的厚度被认为临界厚度 T_c。

由于所研究问题的复杂性，确定刚刚出现回流的方法在本章是采用试算法。为了计算方便，试算方法分两种情况：第一种情况是固定流速 u 或雷诺数 Re，改变消能工的厚度 T，试算出在该流速或雷诺数下水流刚刚能射出时的临界厚度 T_c；第二种情况是固定消能工厚度，逐渐改变流速或雷诺数，试算出在该厚度下水流刚刚能射出时的临界流速 u_c 或临界雷诺数 $(Re)_c$，反过来也可以将该厚度看成是在此流速或雷诺数下的临界厚度。具体判断方法如下面的实例，图2.3 至图2.6 是某消能工在厚度为 T_1，流

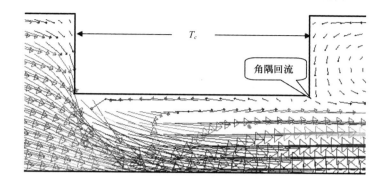

图 2.3 流速为 9 m/s 时的速度矢量图（$Re = 1.97 \times 10^6$）

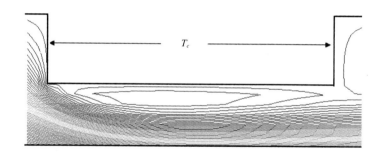

图 2.4 流速为 9 m/s 时的流线图（$Re = 1.97 \times 10^6$）

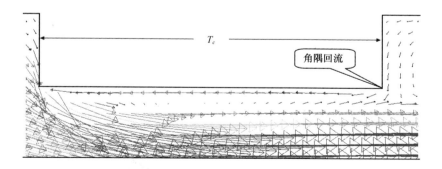

图 2.5 流速为 10 m/s 时的速度矢量图（$Re = 2.19 \times 10^6$）

速（或雷诺数）不同时的速度矢量图和流线图。从图 2.3 至图 2.6 可以看出：当水流流速为 9 m/s，雷诺数为 1.97×10^6 时，水流还没有完全射出厚度 T_1（如图 2.3 和图 2.4 所示，回流不明显）；如果将流速再增加 1 m/s，即流速为 10 m/s，雷诺数为 2.19×10^6 时，在厚度为 T_1 时水流能射出（如图 2.5 和图 2.6 所示，回流刚刚比较明显）。为了减少误差，取流速 9 m/s 和 10 m/s 的平均值（即 $u = 9.5$ m/s）和雷诺数为 1.97×10^6 和 2.19×10^6 的平均值（即 $Re = 2.08 \times 10^6$）当作是在厚度为 T_1 时的临界射出流速 u_c 和临界射出雷诺数 $(Re)_c$，反过来则认为在流速为 9.5 m/s，雷诺数为 2.08×10^6 时，射流主体能射出该消能工的临界厚度 $T_c = T_1$。

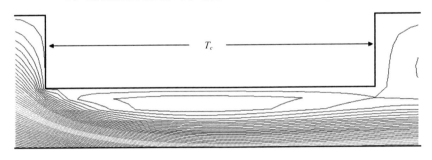

图 2.6　流速为 10 m/s 时的流线图（$Re = 2.19 \times 10^6$）

2.3.3　数值模拟工况

本章试算的雷诺数都大于 10^5。本章模拟计算设计了 6 种工况。第 1 种工况是在孔径比（η）为 0.5，厚径比（α）为 0.6（$\eta = d/D = 0.5$，$\alpha = 0.6$）的情况下，试算泄洪洞直径分别为 1 m、2 m、3 m、4 m 和 5 m 时的临界射出流速 u_c 和临界射出雷诺数 $(Re)_c$，用以研究临界厚度与流速和雷诺数之间的关系。第 2 种工况到第 6 种工况设计方法如下：选择泄洪洞直径为 5 m，首先试算出在流速为 0.023 m/s、雷诺数为 10^5，孔径比分别为 0.4、0.5、0.6、0.7 和 0.8 的情况下射流主体能射出的临界厚度，然后在此计算结果的基础上逐步加大厚度，试算在上述几种孔径比下不同流速和雷诺数所对应的临界厚度。第 2 种工况到第 6 种工况设计的目的主要是用来研究临界厚度与雷诺数及孔径比之间的关系。

2.3.4 数值模拟结果

图 2.7 至图 2.16 为泄洪洞直径为 5 m，孔径比为 0.5 时的各种速度矢量图。由图 2.7 可以看出，雷诺数为 10^5 时，当 $\alpha = 0.40$ 时，射流主体能射出消能工的后角隅（因为后角隅处出现了反向回流），但当 $\alpha = 0.43$ 时，射流主体不能射出消能工后角隅（因为后角隅处没出现反向回流），取厚径比 0.40 和 0.43 的平均值，即 $\alpha = 0.42$ 作为雷诺数为 10^5 时的相对临界厚度 α_c。由图 2.8 同样可以看出，当 $\alpha = 0.5$ 时，雷诺数为 8.76×10^6 时射流主体不能射出消能工后角隅，但当雷诺数为 12.27×10^6 时射流主体能射出消能工（后角隅处出现回流），取雷诺数 8.76×10^6 和 12.27×10^6 的平均值 10.52×10^6 作为厚径比 α 为 0.5 时的临界射出雷诺数，反过来则认为当雷诺数为 10.52×10^6 时的 α_c 为 0.5。按照以上办法并参考图 2.7 至图 2.16（本章只截取与反向回流有关的部分速度矢量图）可以试算出在孔径比为 0.5 时，雷诺数分别为 26.29×10^6、34.62×10^6、43.38×10^6、52.59×10^6、62.23×10^6、71.43×10^6、80.63×10^6 和 89.83×10^6 所对应的 α_c 分别为 0.6、0.7、0.8、0.9、1.0、1.1、1.2 和 1.3。试算出的从工况 1 到工况 6 的总结果分别见表 2.1 至表 2.6。

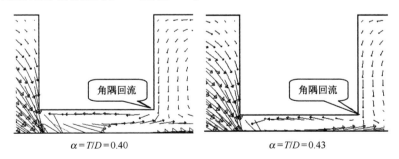

$\alpha = T/D = 0.40$　　　　　　　　　　$\alpha = T/D = 0.43$

图 2.7　$\eta = 0.5$，$Re = 10^5$ 时的速度矢量图

表 2.1　工况 1 计算结果（$\eta = 0.5$，$\alpha = T/D = 0.6$）

D/m	1.00	2.00	3.00	4.00	5.00
$u_c/(\text{m} \cdot \text{s}^{-1})$	30.00	15.00	10.00	7.50	6.00
$Re_c/10^6$	26.30	26.10	26.30	26.20	26.30

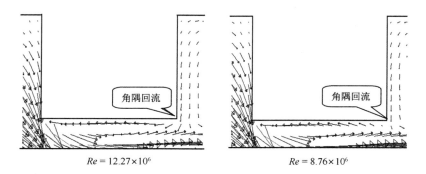

$$Re = 12.27 \times 10^6 \qquad Re = 8.76 \times 10^6$$

图 2.8　$\eta = 0.5$，$\alpha = 0.5$ 时的速度矢量图

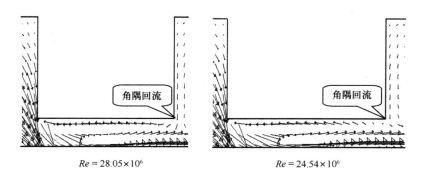

$$Re = 28.05 \times 10^6 \qquad Re = 24.54 \times 10^6$$

图 2.9　$\eta = 0.5$，$\alpha = 0.6$ 时的速度矢量图

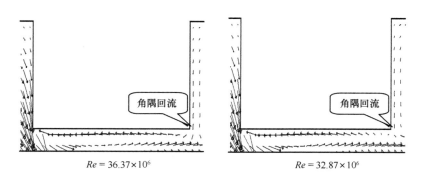

$$Re = 36.37 \times 10^6 \qquad Re = 32.87 \times 10^6$$

图 2.10　$\eta = 0.5$，$\alpha = 0.7$ 时的速度矢量图

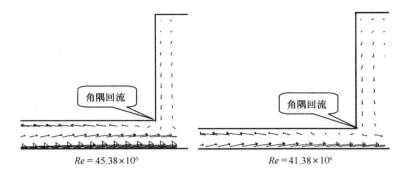

图 2.11　$\eta = 0.5$，$\alpha = 0.8$ 时的速度矢量图

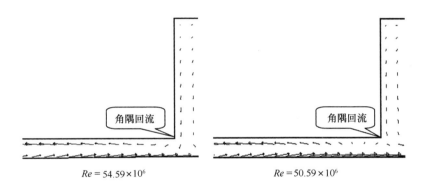

图 2.12　$\eta = 0.5$，$\alpha = 0.9$ 时的速度矢量图

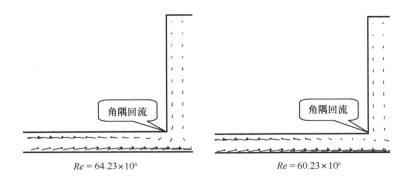

图 2.13　$\eta = 0.5$，$\alpha = 1.0$ 时的速度矢量图

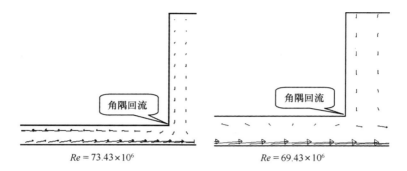

图 2.14　$\eta = 0.5$，$\alpha = 1.1$ 时的速度矢量图

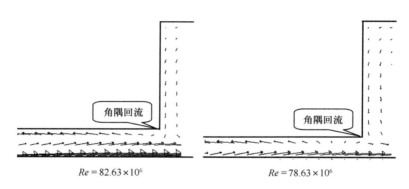

图 2.15　$\eta = 0.5$，$\alpha = 1.2$ 时的速度矢量图

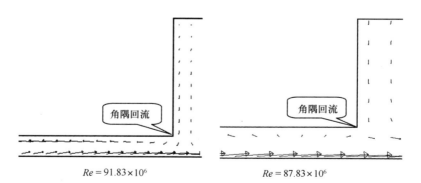

图 2.16　$\eta = 0.5$，$\alpha = 1.3$ 时的速度矢量图

表 2.2　工况 2 计算结果（$\eta = 0.4$，$D = 5$ m）

$u/$（m·s^{-1}）	0.02	2.80	3.90	5.80	7.60
$Re/10^6$	0.10	12.27	17.09	25.42	33.30
α_c	0.42	0.47	0.50	0.60	0.70
$u/$（m·s^{-1}）	9.40	11.30	13.40	15.50	17.60
$Re/10^6$	41.19	49.52	58.72	67.92	77.13
α_c	0.80	0.90	1.00	1.10	1.20

表 2.3　工况 3 计算结果（$\eta = 0.5$，$D = 5$ m）

$u/$（m·s^{-1}）	0.02	2.40	6.00	7.90	9.90
$Re/10^6$	0.10	10.52	26.29	34.62	43.38
α_c	0.41	0.50	0.60	0.70	0.80
$u/$（m·s^{-1}）	12.00	14.20	16.30	18.40	20.50
$Re/10^6$	52.59	62.23	71.43	80.63	89.83
α_c	0.90	1.00	1.10	1.20	1.30

表 2.4　工况 4 计算结果（$\eta = 0.6$，$D = 5$ m）

$u/$（m·s^{-1}）	0.02	2.40	6.20	8.50	10.60
$Re/10^6$	0.10	10.52	27.17	37.25	46.45
α_c	0.40	0.48	0.60	0.70	0.80
$u/$（m·s^{-1}）	12.60	14.80	17.10	19.40	21.70
$Re/10^6$	55.21	64.86	74.93	85.01	95.09
α_c	0.90	1.00	1.10	1.20	1.30

表 2.5　工况 5 计算结果（$\eta = 0.7$，$D = 5$ m）

$u/$（m·s^{-1}）	0.02	2.00	3.80	7.50	10.40
$Re/10^6$	0.10	8.76	16.65	32.87	45.57
α_c	0.39	0.45	0.50	0.60	0.70
$u/$（m·s^{-1}）	13.40	16.50	19.50	22.50	25.50
$Re/10^6$	58.72	72.31	85.45	98.60	111.74
α_c	0.80	0.90	1.00	1.10	1.20

表 2.6　工况 6 计算结果 （$\eta = 0.8$，$D = 5$ m）

$u/$ (m·s^{-1})	0.02	2.60	8.60	12.50	16.50
$Re/10^6$	0.10	11.39	37.69	54.78	72.31
α_c	0.37	0.44	0.53	0.60	0.70
$u/$ (m·s^{-1})	20.50	24.50	28.50	32.50	36.50
$Re/10^6$	89.83	107.36	124.89	142.42	159.95
α_c	0.80	0.90	1.00	1.10	1.20

2.4　临界厚度特性分析

2.4.1　影响临界厚度的因素

前文已经探讨过，影响临界厚度的因素主要是孔径比和雷诺数。现利用数值模拟的结果来验证这一结论。将表 2.1 中的数据绘制成图 2.17 和图 2.18。图 2.17 表明：在孔径比 η 和厚径比 α 不变时，水流射出该厚度 T 所需要的临界流速随泄洪洞直径的增大而减小。这一点间接说明：临界厚度与流速和泄洪洞直径均有关。但图 2.18 表明：在孔径比和厚径比不变时，即使泄洪洞直径变化，但射流主体射出该厚度所需要的临界雷诺数几乎不随泄洪洞直径的变化而变化。这一点直接说明：临界厚度与雷诺数相关，只要雷诺数和消能工体型不变，不管流速和泄洪洞直径怎么变化，临界厚度就不变。图 2.19 和图 2.20 能很好地证明这一点。图 2.19 和图 2.20 是孔径比和厚径比均为 0.5，在雷诺数为 8.76×10^6 左右，泄洪洞直径分别为 1 m 和 5 m 时的水流刚刚射出该厚度时的流线图，比较两图后发现，只要孔径比、厚径比和雷诺数相同，尽管泄洪洞直径不同，但水流在泄洪洞内的流线分布就非常接近。

由表 2.2 至表 2.6 可以看出：当孔径比相同时，不同雷诺数对应的临界厚度不同；当孔径比不同时，相同雷诺数对应的临界厚度也不同。例如，当孔径比为 0.4，雷诺数为 17.09×10^6 时所对应的临界厚度与泄洪洞直径的比值为 0.5，而雷诺数为 33.3×10^6 时对应的临界厚度与泄洪洞直径的比值为 0.7。当雷诺数均为 10^5 时，孔径比为 0.5 时所对应的临界厚度与泄洪洞直径的比值为 0.41，而孔径比为 0.7 时所对应的临界厚度与泄洪洞直径的比值为

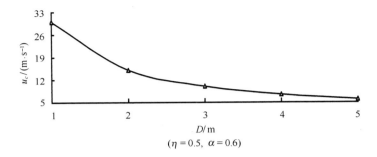

图 2.17 泄洪洞直径与临界流速的关系

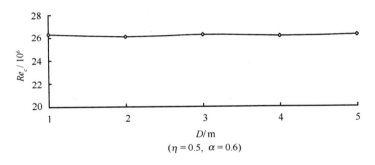

图 2.18 泄洪洞直径与临界雷诺数的关系

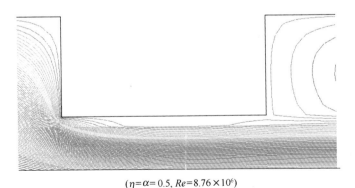

$(\eta = \alpha = 0.5, \ Re = 8.76 \times 10^6)$

图 2.19 泄洪洞直径为 1 m 时的流线图

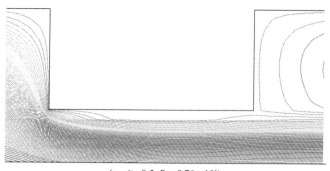

$(\eta = \alpha = 0.5,\ Re = 8.76 \times 10^6)$

图 2.20　泄洪洞直径为 5 m 时的流线图

0.39。由此可见，临界厚度主要与孔径比和雷诺数关系密切，用数值模拟得出的这一结果与前文用量纲理论分析得出的结论完全一致。

2.4.2　临界厚度与孔径比和雷诺数的关系

　　将表2.2至表2.6中的关于相对临界厚度与孔径比和雷诺数的关系数据绘成散点图并添加趋势线便得到图2.21。由图2.21可以看出：当孔径比一定时，相对临界厚度与雷诺数的关系几乎成线性变化，且随着雷诺数的增大，相对临界厚度也相应增大。产生这一现象的主要原因是：水流的雷诺数反映了水流惯性力与水流黏性力相互比较的结果，雷诺数越大，水流惯性力的作用相对而言也大。当孔径比一定时，随着消能工厚度的增加，水流需要较大的惯性力来克服消能工边壁对水流产生的附壁效应，只有当雷诺数达到一定大小时，射流主体才能射出一定的消能工厚度，因此当孔径比一定时，相对临界厚度越大对应的雷诺数也越大。图2.21还表明：当雷诺数一定时，随着孔径比的减小，相对临界厚度随之增大。这主要是因为：由附壁射流理论可知[147]，孔径比越小，水流突扩后再附点与水流收缩断面之间的距离也越远。如果存在某一孔板，它的水流收缩断面在其外面，逐步加大该孔板的厚度，当其厚度超过再附点与收缩断面之间的距离时，该消能工的孔板流态就变成了洞塞流态。因此当雷诺数一定时，孔径比越小，孔板需要增加厚度才能变成洞塞，这就是相对临界厚度随孔径比的减小反而增大的原因。对图2.21中的曲线进行拟合，可以得到临界厚径比的近似表达式：

$$\alpha_c = (3.33\eta^4 - 8.01\eta^3 + 7.02\eta^2 - 2.68\eta + 0.39) \times$$

$$10^{-6}Re - 46.42\eta^4 + 110.52\eta^3 - 97.20\eta^2 + 37.41\eta - 4.94 \quad (2.15)$$

式（2.15）的实用范围为：$\eta = 0.40 \sim 0.80$，$\alpha = 0.37 \sim 1.30$。如果定义公式计算值与数值模拟值之间的偏差如下：

$$E_r = \frac{|\alpha_{cal} - \alpha_{nu}|}{\alpha_{cal}} \times 100\% \quad (2.16)$$

式中，α_{cal} 为用式（2.15）计算出的相对临界厚度；α_{nu} 为数值模拟出的相对临界厚度；E_r 为 α_{cal} 与 α_{nu} 之间的偏差。则运用式（2.16）可以得到图 2.22，图 2.22 表明：式（2.15）的计算值与数值模拟的结果最大偏差不超过 10%，因此用式（2.15）计算出的临界厚径比具有较高的精度。

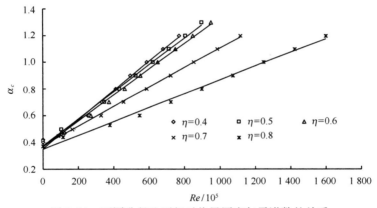

图 2.21　不同孔径比下相对临界厚度与雷诺数的关系

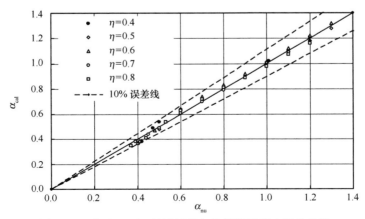

图 2.22　式（2.15）的计算值与数值模拟值之间的比较

2.5 孔板与洞塞的划分方法

孔板与洞塞的划分与孔径比和雷诺数密切相关。因此它们两者之间的划分是个动态的概念。上文通过数值模拟的方法得到了当雷诺数大于 10^5 时相对临界厚度的近似数学表达式。当缩放式消能工的厚度超过临界厚度，收缩后的射流主体不能射出该厚度，此时的消能工无疑是洞塞；当缩放式消能工的厚度没有超过临界厚度时，收缩后的射流主体能够射出该厚度，此时的消能工为孔板。因此，在雷诺数大于 10^5 情况下，缩放式消能工是孔板时必须满足的条件为：

$$T/D \in \{T/D < \alpha_c\} \qquad (2.17)$$

当雷诺数大于 10^5 时，如果消能工的厚度与泄洪洞直径的比值能满足式（2.17）的要求，此消能工为孔板，否则为洞塞。在缺乏实际实测资料的情况下，可以用式（2.17）来初步判断缩放式消能工是孔板还是洞塞。

2.6 本章小结

本章提出了临界厚度的概念，通过理论分析及数值模拟的方法，得到了如下主要结论。

（1）相对临界厚度 α_c 主要与孔径比 η 和雷诺数 Re 相关。

（2）得到了临界厚度的经验表达式，提出了孔板与洞塞的划分方法，即：当 $\alpha < \alpha_c$ 时，为孔板流动；当 $\alpha > \alpha_c$ 时，为洞塞流动。

（3）孔板与洞塞可以按照式（2.17）来划分。

3 孔板能量损失系数

本章分析影响孔板能量损失系数的因素；运用数值模拟的方法，提出能量损失系数经验表达式；并用物理模型试验验证本章所提出的能量损失系数经验表达式。

3.1 孔板能量损失系数理论分析

3.1.1 能量损失系数定义

水流流经孔板时，先突然收缩，然后再突然扩大至整过泄洪洞，在孔板两端形成逆向漩涡。正是由于水流在突然收缩和突然扩大过程中形成强剪切、强紊动和逆向漩涡，才使得水流流经孔板时的能量大大损失。孔板消能效率的高低常用消能率或能量损失系数来衡量。由于孔板水流流态极其复杂，孔板能量损失系数难以从数学上找到准确的表达式，一般凭借半理论半经验的方法加以解决，在工程上取得了较好的效果。

在孔板前面水流未扰动处和在孔板后水流基本恢复处各取一断面，如图 3.1 中的断面 1 - 1 和断面 2 - 2。在断面 1 - 1 和断面 2 - 2 之间列伯努利能量方程可以得到：

$$\frac{p_1}{\rho g} + a_1 \frac{u^2}{2g} + z_1 = \frac{p_2}{\rho g} + a_2 \frac{u^2}{2g} + z_2 + \left(\xi + \lambda \frac{l}{4R}\right)\frac{u^2}{2g} \qquad (3.1)$$

式中，p_1 为断面 1 - 1 上的平均压强；p_2 为断面 2 - 2 上的平均压强；u 为泄洪洞内的平均流速；a_1 和 a_2 分别为断面 1 - 1 和断面 2 - 2 上的动能校正系数；z_1 和 z_2 分别为断面 1 - 1 和断面 2 - 2 泄洪洞轴线到基准面的位置高度；$\lambda l/$（$4R$）为沿程水头损失系数；ξ 为孔板局部水头损失系数。由于突缩和突扩的局部水头损失远大于沿程损失，沿程损失在此可以忽略不计；

如果以泄洪洞轴线水平面为基准面，则 $z_1 = z_2 = 0$；动能校正系数 a_1 和 a_2 均近似处理为 1。综合考虑以上因素，式（3.1）可以简化为：

$$\frac{p_1}{\rho g} - \frac{p_2}{\rho g} = \xi \frac{u^2}{2g} \qquad (3.2)$$

将式（3.2）变形为：

$$\xi = \frac{p_1 - p_2}{0.5\rho u^2} = \frac{\Delta p}{0.5\rho u^2} \qquad (3.3)$$

式（3.3）中各符号的意义为：Δp 为断面 1—1 和断面 2—2 之间的压强差；ξ 即为通常所说的能量损失系数，有的也将 ξ 称为水头损失系数，反映了孔板消能效果的好坏。

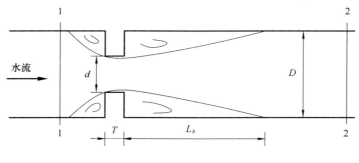

图 3.1　孔板水流

3.1.2　影响能量损失的因素

影响图 3.1 中孔板能量损失系数的因素有多种，这些因素可以归结为以下 3 类。

（1）流体特性参数：水流密度 ρ（kg/m^3）、水流动力黏度 μ（$N \cdot s/m^2$）、重力加速度 g（m/s^2）。

（2）泄洪洞和孔板体型参数：泄洪洞直径 D（m）、孔板直径 d（m）、孔板厚度 T（m）。

（3）流动特性参数：泄洪洞内平均流速 u（m/s）、孔板前未扰动断面和孔板后压强恢复断面之间的压强差 $\Delta p = p_1 - p_2$（Pa）、孔板后回流区长度 L_b（m）、回流区的相对高度 h_b $[h_b = (D-d) / (2D)]$。

由于回流区相对高度 h_b 对水头损失系数的影响可以归结为泄洪洞直径 D 和孔板直径 d 对水头损失系数的影响之内。将影响孔板能量损失系数的参数写成相关表达式为：

$$f(D,d,T,\rho,\mu,u,\Delta p,g,L_b) = 0 \qquad (3.4)$$

如果孔板泄洪洞水平放置，则可以忽略重力加速度 g（m/s^2）的影响。根据量纲分析，在上述物理量中选取 D、u、ρ 为 3 个基本物理量并忽略重力的影响，由无量纲分析法，得到无量纲数方程为：

$$f\left(\frac{d}{D},\frac{\mu}{\rho u D},\frac{T}{D},\frac{\Delta P}{\rho u^2},\frac{L_b}{D}\right) = 0 \qquad (3.5)$$

式（3.5）整理得：

$$\Delta p = \rho u^2 f\left(\frac{d}{D},\frac{\mu}{\rho u D},\frac{T}{D},\frac{L_b}{D}\right) \qquad (3.6)$$

因为 $\mu/\rho u D = 1/Re$，所以式（3.6）可表示为：

$$\Delta p = \rho u^2 f\left(\frac{d}{D},Re,\frac{T}{D},\frac{L_b}{D}\right) \qquad (3.7)$$

式（3.7）进一步变形为：

$$\frac{\Delta p}{0.5\rho u^2} = 2f\left(\frac{d}{D},Re,\frac{T}{D},\frac{L_b}{D}\right) \qquad (3.8)$$

如果定义 $l_b = L_b/D$，$\eta = d/D$，$\alpha = T/D$，并结合式（3.3），则式（3.8）可以变形为：

$$\xi,l_b = f_1(\eta,\alpha,Re) \qquad (3.9)$$

由式（3.9）可以看出：影响平头孔板能量损失系数和孔板后回流区长度的因素有孔径比 η、雷诺数 Re 以及厚径比 α，并且孔板的能量损失系数与孔板后回流区长度 l_b 密切相关。

3.2 孔板消能特性数值模拟

3.2.1 计算方法和计算工况

本章采用的计算模型仍为 RNG $k - \varepsilon$ 模型，计算采用二阶迎风格式，入流边界、出流边界、对称轴边界和壁面边界的处理办法与第2章数值模拟部分边界条件的处理是完全一样的，计算的泄洪洞直径为21 cm。

　　由于孔板的能量损失系数和回流区长度均与孔板的孔径比、孔板厚度和雷诺数密切相关，因此本章数值模拟的目的主要是讨论3个问题：第一个问题是讨论雷诺数对孔板后回流区长度及水头损失系数的影响；第二个问题是讨论回流区长度随孔径比和厚径比的变化关系；第三个问题是讨论能量损失系数随孔径比和厚径比的变化关系。在搞清以上3个问题的基础上进一步讨论能量损失系数与回流区长度之间的关系。

　　针对以上要讨论的3个问题，本节数值计算设置了3种工况。工况1固定孔板的孔径比为0.5，厚径比为0.1，分别取入口流速为0.5 m/s、1 m/s、5 m/s、10 m/s和15 m/s，每种流速对应的雷诺数为 0.9×10^5、1.8×10^5、9.2×10^5、18.4×10^5 和 27.6×10^5，分别计算在不同流速和雷诺数下回流区长度和能量损失系数，此工况的设置主要是用来研究雷诺数对回流区长度和能量损失系数的影响。工况2固定入口流速为1 m/s（即雷诺数固定为 1.8×10^5），设置孔板的孔径比分别为0.4、0.5、0.6、0.7和0.8，每种孔径比下又设置厚径比为0.05、0.1、0.15、0.2和0.25五种情况，分别计算各种情况下的回流区长度，此工况的设置主要是用来研究在雷诺数不变的情况下，回流区长度随孔径比和厚径比的变化关系。工况3同样是固定入口流速为1 m/s（即雷诺数固定为 1.8×10^5），孔径比和厚径比的设置与工况2完全一样，此工况的设置主要是用来研究在雷诺数不变的情况下，能量损失系数随孔径比和厚径比的变化关系。

　　能量损失系数按照式（3.3）进行计算，计算的参考流速为泄洪洞内的平均流速。本节数值计算中回流区长度的确定方法是：在靠近壁面附近沿泄洪洞纵向取一断面，查看该断面纵向流速矢量分布，认为反向回流消失点即为主流的再附点，再附点距孔板后缘的距离即为回流区长度。

3.2.2　计算结果

　　各工况计算结果分别见表3.1、表3.2和表3.3。表3.1、表3.2和表3.3中各符号的意义为：u 表示流速；Re 表示雷诺数；ξ 表示能量损失系数；l_b 表示相对回流区长度；α 表示厚径比；η 表示孔径比。

表 3.1   不同雷诺数时的回流区长度和能量损失系数（$\eta = 0.5$，$\alpha = 0.1$）

	$Re/10^5$				
	0.90	1.80	9.20	18.40	27.60
l_b/m	3.14	3.15	3.15	3.15	3.15
ξ	31.00	31.20	31.20	31.20	31.20

表 3.2   雷诺数相同但孔径比和厚径比不同时的相对回流区长度（$Re = 1.80 \times 10^5$）

η	α				
	0.05	0.10	0.15	0.20	0.25
0.40	3.50	3.40	3.22	3.15	3.07
0.50	3.26	3.15	2.98	2.89	2.79
0.60	2.69	2.61	2.44	2.34	2.24
0.70	1.95	1.92	1.78	1.69	1.58
0.80	1.21	1.20	1.11	1.01	0.91

表 3.3   雷诺数相同但孔径比和厚径比不同时的能量损失系数（$Re = 1.80 \times 10^5$）

η	α				
	0.05	0.10	0.15	0.20	0.25
0.40	93.00	92.00	85.50	78.50	74.30
0.50	31.70	31.20	29.40	27.80	26.30
0.60	12.30	12.20	11.50	11.00	10.30
0.70	4.30	4.20	3.80	3.60	3.20
0.80	1.50	1.50	1.40	1.30	1.20

3.2.3   计算结果分析

3.2.3.1   回流区长度计算成果

图 3.2 是在入口流速为 1 m/s，孔径比为 0.5，厚径比为 0.1 时的流线图。由该图可以看出：水流经过孔板时，先收缩并形成收缩断面，然后突

然扩大至整个泄洪洞断面；水流在突缩和突扩过程中会在孔板后面形成较大的回流区。

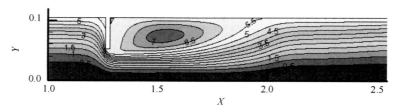

图 3.2　孔板附近水流流线图（$\eta = 0.5$，$\alpha = 0.1$，$u = 1$ m/s）

利用表 3.1 中的数据可以得到图 3.3。图 3.3 是在孔径比为 0.5，厚径比为 0.1 情况下孔板后回流区长度与雷诺数之间的关系曲线。由图 3.3 可以看出：在雷诺数小于 10^5 时，回流区长度随雷诺数的增大而稍有增大，当雷诺数大于 10^5 时，回流区长度几乎不随雷诺数的变化而变化。因此在雷诺数较高时，完全可以忽略雷诺数对回流区长度的影响。

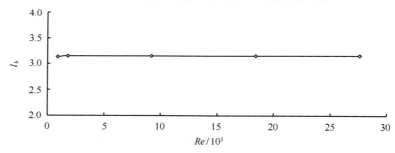

图 3.3　回流区长度与雷诺数关系（$\eta = 0.5$，$\alpha = 0.1$）

图 3.4 是利用表 3.2 中的数据绘制而成的当雷诺数为 1.8×10^5 时回流区长度随孔径比和厚径比变化的关系曲线。该曲线表明：在同一厚径比和相同雷诺数情况下，孔板后回流区长度随孔径比的增大而减小；在同一孔径比和雷诺数情况下，孔板后回流区的长度随厚度的增加而减小；孔径比对孔板后回流区长度的影响较大，而厚度对回流区长度的影响较小。当雷诺数大于 10^5 时，忽略雷诺数对回流区长度的影响，拟合图 3.4 中的曲线，可以得到回流区长度与孔径比和厚径比之间的经验表达式：

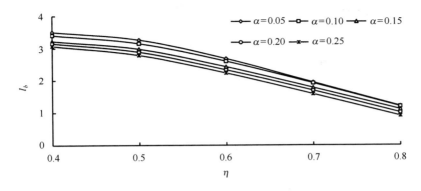

图 3.4 不同厚径比下回流区长度随孔径比的变化

$$l_b = -5.071\,8(\alpha)^{-0.1724}\eta^2 + (-10.432\alpha + 4.666\,2)\eta +$$
$$6.125\,7(\alpha)^2 - 1.529\,3\alpha + 3.276 \qquad (3.10)$$

式（3.10）的实用范围为：$\eta = 0.4 \sim 0.8$，$\alpha = 0.05 \sim 0.25$，$Re > 10^5$。

3.2.3.2 能量损失系数计算成果

利用表 3.1 中的计算数据，可以得到如图 3.5 所示的在孔径比为 0.5，厚径比为 0.1 条件下，孔板能量损失系数与雷诺数之间的关系曲线。该曲线表明：在雷诺数小于 10^5 时，能量损失系数随雷诺数的增大而稍有增大，当雷诺数大于 10^5 时，能量损失系数几乎不随雷诺数的变化而变化。因此在高雷诺数时也可以忽略雷诺数对能量损失系数的影响。

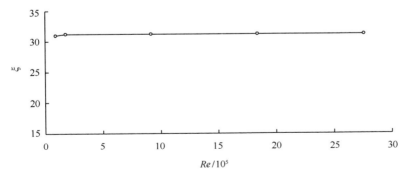

图 3.5 水头损失系数与雷诺数关系（$\eta = 0.5$，$\alpha = 0.1$）

图 3.6 是利用表 3.3 中的数据绘制而成。图 3.6 表明：在同一厚径比和雷诺数情况下，能量损失系数随孔径比的增大而减小；在同一孔径比和雷诺数情况下，能量损失系数随厚径比的增加而减小；孔径比对孔板能量损失系数的影响较大，而厚径比对水头损失系数的影响较小；随着孔径比的增大，图 3.6 中各条曲线越来越接近，这表明随着孔径比的增大，厚径比对能量损失系数的影响逐渐减小。

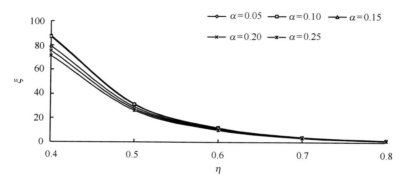

图 3.6   不同厚径比下能量损失系数与孔径比之间的关系

产生以上现象的原因主要是：孔板的能量损失主要是由孔板后的回流区所引起的，因为在回流区内水流之间存在强剪切和强摩擦。孔板后回流区的范围可以用回流区的相对高度 h_b 和相对长度 l_b 来表示。由于 h_b 由下式确定：

$$h_b = \frac{D - d}{2D} = \frac{1 - \eta}{2} \tag{3.11}$$

当孔径比 η 越大时，由式（3.11）可以看出 h_b 越小。同样从图 3.4 可以了解到，回流区相对长度 l_b 也随孔径比的增大而减小；在相同孔径比的情况下，孔板厚径比越小，l_b 也越大。图 3.7 清晰地说明了能量损失系数 ξ 与回流区相对长度 l_b 之间的关系，该图表明：随着回流区长度的增加，孔板的能量损失系数也增加。因此，孔径比越大，回流区的范围越小；孔板厚径比越小，回流区的范围越大。这就导致孔板能量损失系数随孔径比的增大而减小，随孔板厚径比的增加也减小。

拟合图 3.6 中的曲线，可以得到在忽略雷诺数影响的情况下能量损失系数的经验表达式：

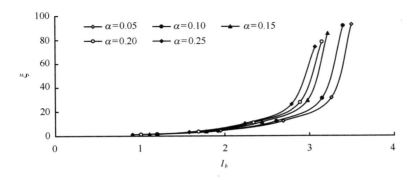

图 3.7　能量损失系数与回流区长度之间的关系

$$\xi = \frac{0.7418}{a^{0.1142}} \times \left(\frac{3.196}{\eta^4} - \frac{5.646}{\eta^2} + 2.45 \right) \qquad (3.12)$$

式（3.12）的实用范围为：$\eta = 0.4 \sim 0.8$，$\alpha = 0.05 \sim 0.25$，$Re > 10^5$。

3.3　孔板消能特性试验

3.3.1　模型试验方案和量测手段

设计的孔板模型共 9 个，其中 $M_1 \sim M_5$ 的厚径比 α 均为 0.1，但孔径比 η 分别为 0.4、0.5、0.6、0.7 和 0.8。模型 $M_1 \sim M_5$ 的设计目的主要是用来研究当孔板厚径比 α 不变时，能量损失系数 ξ 随孔径比 η 的变化关系。模型 $M_6 \sim M_9$ 和模型 M_4 的孔径比 η 均为 0.7，但厚径比 α 分别为 0.05、0.15、0.20、0.25 和 0.1。模型 $M_6 \sim M_9$ 和模型 M_4 的设计目的主要是用来研究当孔径比 η 不变时，能量损失系数 ξ 随厚径比 α 的变化关系。模型 $M_1 \sim M_5$ 的尺寸见表 3.4，模型实物如图 3.8 所示。

模型试验是在河海大学高速水流实验室进行。模型试验设备主要包括水箱、泄洪洞和各种孔板。泄洪洞水流入口处装有门槽，泄洪洞末端装有闸门，以便控制洞内水流流态，使得洞内水流始终保持有压流状态。模型试验的泄洪洞是用有机玻璃制成的，以便很清晰地看到孔板泄洪洞内水流的流态。泄洪洞直径选择 21 cm，泄洪洞全长 5.25 m。为了让水流在孔板

前后都充分发展，孔板装在泄洪洞中间位置，距离前面的门槽大约 10D
（D 为泄洪洞直径），距离后面的闸门大约 15D。在孔板前后泄洪洞顶部和
闸门前都设有排气孔，以便在水位较低、泄洪洞水流为明流状态时排气，
待水位升高、泄洪洞内水流变成有压流时再将排气孔堵上。设置排气孔的
主要目的是为了在泄洪洞水流为明流状态时及时排气，以便保证泄洪洞安
全。试验方案的布置如图 3.9 所示。

表 3.4　试验模型尺寸

模型编号	D/m	η	d/m	T/m
M_1	0.21	0.4	0.084	0.021 0
M_2	0.21	0.5	0.105	0.021 0
M_3	0.21	0.6	0.126	0.021 0
M_4	0.21	0.7	0.147	0.021 0
M_5	0.21	0.8	0.168	0.021 0
M_6	0.21	0.7	0.147	0.010 5
M_7	0.21	0.7	0.147	0.031 5
M_8	0.21	0.7	0.147	0.042 0
M_9	0.21	0.7	0.147	0.052 5

(a) $\eta=0.4$, $\alpha=0.1$

(b) $\eta=0.5$, $\alpha=0.1$

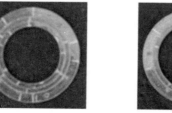
(c) $\eta=0.6$, $\alpha=0.1$

(d) $\eta=0.7$, $\alpha=0.1$

(e) $\eta=0.8$, $\alpha=0.1$

图 3.8　各种孔板模型

图 3.9 模型试验布置

孔板壁面压强用测压管测量。沿孔板泄洪洞全长共布置 24 个测点。在孔板前 1D（D 为泄洪洞直径）范围内，每隔 0.25D 布置一个测点，共布置 5 个测点。在孔板后 3D 范围内每隔 0.5D 布置一个测点，共布置 7 个测点。在孔板附近测点布置比较密集，主要是因为孔板附近水流变化剧烈。其余测点布置方案是：在泄洪洞入口门槽底部布置一个测点，在泄洪洞出口闸门底部布置一个测点。孔板后 3D 到泄洪洞出口每隔 1D 布置一个测点，泄洪洞入口到孔板前 1D 范围内也每隔 1D 布置一个测点。对于每个孔板模型，均设置 40 cm、80 cm、130 cm、170 cm 和 210 cm 共 5 个水位。

3.3.2 试验成果分析

3.3.2.1 壁面压强分布试验成果

图 3.10 至图 3.14 为孔板厚径比 α 为 0.1，孔径比 η 分别为 0.4、0.5、0.6、0.7 和 0.8 时，在不同水位下壁面压强沿程分布图。其中孔板位于横坐标 X/D 为 10 的位置。图 3.10 至图 3.14 表明：在孔板前，壁面压强一直保持比较稳定，当水流流经孔板时，壁面压强骤降；当水流流经孔板后，壁面压强缓步上升，在孔板后大约 3D 处壁面压强基本稳定。

3.3.2.2 能量损失系数试验成果

表 3.5 是孔板厚径比为 0.1，闸门开度 n 为 0.25，孔板孔径比从 0.4 ~ 0.8 变化时的部分实测资料。表 3.6 是孔板的孔径比为 0.7，闸门开度为

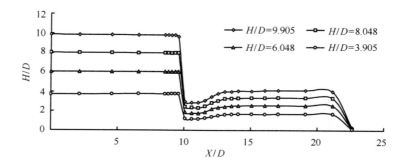

图 3.10 $\eta = 0.4$ 和 $\alpha = 0.1$ 时壁面压强沿程分布

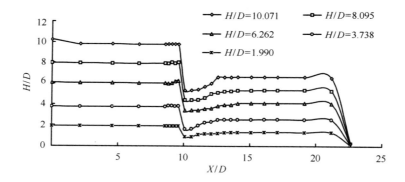

图 3.11 $\eta = 0.5$ 和 $\alpha = 0.1$ 时壁面压强沿程分布

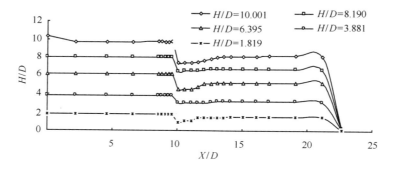

图 3.12 $\eta = 0.6$ 和 $\alpha = 0.1$ 时壁面压强沿程分布

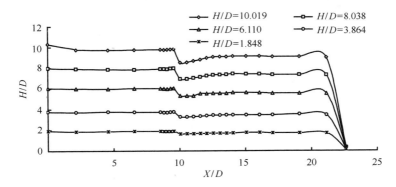

图 3.13　$\eta = 0.7$ 和 $\alpha = 0.1$ 时壁面压强沿程分布

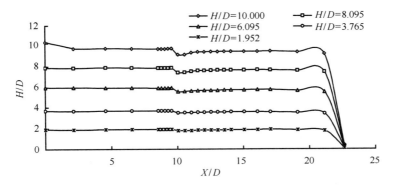

图 3.14　$\eta = 0.8$ 和 $\alpha = 0.1$ 时壁面压强沿程分布

0.75，厚径比从 0.05~0.25 变化时的部分实测资料。表 3.5 和表 3.6 中各符号的意义如下：H 表示水位；Q 表示流量；Re 表示雷诺数；H_1 表示孔板前 $0.5D$ 处的壁面压强水头；H_2 表示孔板后 $3D$ 处的壁面压强水头；ξ_m 为模型试验得出的能量损失系数。由于孔板前 $0.5D$ 以前壁面压强水头比较稳定，孔板后 $4D$ 处壁面压强水头也基本恢复，因此本文只收录了孔板前 $0.5D$ 和孔板后 $4D$ 处的壁面压强实测值。试验的能量损失系数按照下式计算：

$$\xi_m = \frac{H_1 - H_2}{u^2/2g} \tag{3.13}$$

式中，u 为泄洪洞内的平均流速，由所测流量除以泄洪洞断面积而得到。

图 3.15 是根据表 3.5 中孔径比为 0.7，厚径比为 0.1 时实测资料绘制

的水头能量损失系数与水位之间的关系曲线。图 3.15 表明，在低水位时，能量损失系数随水位的增加而稍有增大，在水位较高时，能量损失系数几乎不随水位的变化而变化。由于在每一水位均一一对应一个雷诺数，水位与能量损失系数的关系也间接说明了：当雷诺数较小时，能量损失系数随雷诺数的增加而稍有增大，但当雷诺数较大时，能量损失系数几乎不随雷诺数的变化而变化。这一结论与数值模拟的结论完全一致。

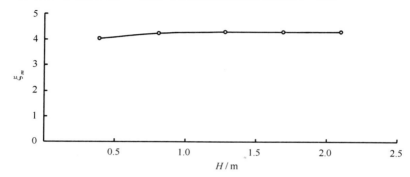

图 3.15　水位与能量损失系数关系（$\eta = 0.7$，$\alpha = 0.1$）

表 3.5　不同孔径比情况下的部分实测资料（$\alpha = 0.1$，$n = 0.25$）

η	H/m	$Q/（\text{m}^3 \cdot \text{s}^{-1}）$	$Re/10^5$	H_1/cm	H_2/cm	ξ_m
	2.08	0.017 208	0.091 484	206.5	83.9	95.36
	1.69	0.015 662	0.083 267	167.3	68.6	94.61
0.4	1.27	0.013 789	0.073 311	126.9	51.3	93.49
	0.82	0.010 595	0.056 33	79.5	34.0	95.30
	2.12	0.021 760	0.115 688	204.0	138.5	32.56
	1.70	0.020 820	0.110 689	169.0	110.0	32.00
0.5	1.32	0.018 088	0.096 164	125.3	82.3	30.90
	0.79	0.014 005	0.074 459	78.5	52.8	30.81
	0.42	0.009 487	0.050 437	40.0	28.0	31.35
	2.10	0.026 338	0.140 024	204.8	172.0	12.20
	1.72	0.024 076	0.128	169.1	140.2	11.72
0.6	1.34	0.021 132	0.112 347	130.5	108.7	11.48
	0.82	0.015 944	0.084 768	79.1	66.5	11.65
	0.38	0.010 253	0.054 513	36.6	30.8	12.97

η	H/m	$Q/(\text{m}^3 \cdot \text{s}^{-1})$	$Re/10^5$	H_1/cm	H_2/cm	ξ_m
	2.10	0.028 115	0.149 474	205.6	191.2	4.33
	1.69	0.025 331	0.134 672	166.0	154.2	4.32
0.7	1.28	0.021 887	0.116 361	125.3	116.5	4.32
	0.81	0.017 441	0.092 724	78.2	72.7	4.25
	0.39	0.012 990	0.069 061	38.9	36.0	4.04
	2.10	0.030 146	0.160 269	204.3	198.7	1.45
	1.70	0.027 358	0.145 449	165.3	160.7	1.45
0.8	1.28	0.023 815	0.126 61	124.2	120.6	1.49
	0.79	0.018 863	0.100 287	76.5	74.5	1.32
	0.41	0.013 789	0.073 311	39.7	38.6	1.36

表 3.6　不同厚径比情况下的部分实测资料（$\eta = 0.7$，$n = 0.75$）

η	H/m	$Q/(\text{m}^3 \cdot \text{s}^{-1})$	$Re/10^5$	H_1/cm	H_2/cm	ξ_m
	2.12	0.066 278	0.352 365	190.0	111.1	4.40
	1.70	0.059 809	0.317 973	153.0	90.9	4.08
0.04	1.30	0.050 995	0.271 115	115.0	69.5	4.11
	0.78	0.038 757	0.206 051	71.0	43.7	4.27
	0.41	0.026 744	0.142 185	38.0	24.0	4.60
	2.11	0.067 411	0.358 39	187.0	115.0	3.73
	1.70	0.060 627	0.322 322	151.0	94.0	3.65
0.15	1.29	0.052 285	0.277 97	114.0	70.9	3.71
	0.80	0.040 555	0.215 608	71.5	46.0	3.65
	0.40	0.027 358	0.145 449	37.0	25.0	3.77
	2.09	0.067 885	0.360 911	185.5	118.2	3.43
	1.72	0.061 816	0.328 642	151.5	99.0	3.23
0.20	1.32	0.052 977	0.281 652	115.0	74.2	3.42
	0.81	0.040 397	0.214 771	70.0	47.1	3.30
	0.41	0.027 633	0.146 908	37.0	25.5	3.54

η	H/m	$Q/(\mathrm{m}^3 \cdot \mathrm{s}^{-1})$	$Re/10^5$	H_1/cm	H_2/cm	ξ_m
	2.11	0.069 028	0.366 989	186.0	124.5	3.03
	1.69	0.061 907	0.329 13	149.0	100.0	3.01
	1.30	0.053 151	0.282 575	114.0	76.3	3.14
0.25	0.82	0.041 743	0.221 924	72.0	49.5	3.04
	0.41	0.027 977	0.148 739	36.5	26.5	3.00
	0.42	0.029 863	0.158 764	37.1	28.2	2.35

由前面的分析可知,能量损失系数与开度无关,并且在水位较高时,能量损失系数也与水位关系不大。因此,本文可以摘取表 3.5 和表 3.6 中水位在 210 cm 左右时的实测资料来研究能量损失系数 ξ_m 的变化规律。从表 3.5 和表 3.6 中摘取部分数据绘制成表 3.7。将实测出的表 3.7 中的能量损失系数与用公式（3.12）计算出的能量损失系数分别绘制在图 3.16 和图 3.17 中。从图 3.16 和图 3.17 可以看出,式（3.12）计算值与实测值吻合良好。

表 3.7　不同孔径比和厚径比时的 ξ_m

η	α				
	0.05	0.10	0.15	0.20	0.25
0.40	/	95.30	/	/	/
0.50	/	32.50	/	/	/
0.60	/	12.20	/	/	/
0.70	4.40	4.33	3.73	3.43	3.03
0.80	/	1.45	/	/	/

定义实测能量损失系数 ξ_m（或数值模拟得出的能量损失系数 ξ_{nu}）与公式计算出的水头损失系数 ξ_{cal} 之间的相对误差如下:

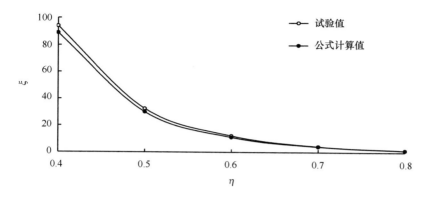

图 3.16 计算值与试验值比较（$\alpha = 0.10$）

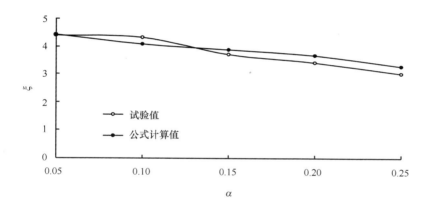

图 3.17 计算值与试验值比较（$\eta = 0.70$）

$$E_r = \frac{|\xi_{cal} - \xi_m|}{\xi_{cal}} \times 100\% \qquad (3.14)$$

式中，E_r 为实测值（或数值模拟值）与公式计算值之间的相对误差。利用式（3.14）可以绘制出图 3.18。由图 3.18 可以看出：公式计算值与实测值（或数值模拟值）的偏差不超过 10%。由此可见，用式（3.12）来计算孔板的能量损失系数具有较高的精度。

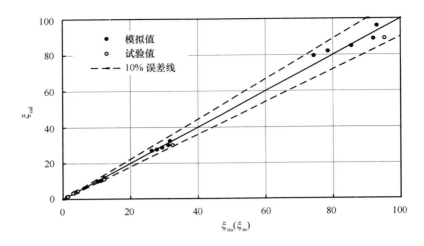

图 3.18　ξ_{nu}（ξ_m）和 ξ_{cal} 之间的误差比较

3.4　本章小结

本章通过理论分析、数值模拟和物理模型试验，对孔板的消能特性进行了详细讨论，得出的主要结论如下。

（1）孔板的能量损失系数 ξ 和孔板后相对回流区长度 l_b 主要与孔板的孔径比 η、孔板厚径比 α 和雷诺数 Re 有关。

（2）孔板后回流区是孔板能量损失的重要源地。回流区范围越大，孔板的消能率越大，相对回流区长度 l_b 随着孔径比 η 和孔板厚径比 α 的增加而减小。当雷诺数 Re 大于 10^5 时，雷诺数 Re 对相对回流区长度 l_b 的影响可以忽略。

（3）类似地，孔板的能量损失系数 ξ 也随着孔径比 η 和孔板厚径比 α 的增加而减小。当雷诺数 Re 大于 10^5 时，雷诺数 Re 对能量损失系数 ξ 的影响也可以忽略。

（4）通过数值模拟，得到了孔板能量损失系数经验表达式。误差分析表明，和物理模型试验结果比较，本文提出的表达式，其误差小于 10%。

4 孔板与洞塞水力学特性比较

本章运用数值模拟及物理模型试验的研究方法,对孔板及洞塞两种消能工的消能能力和抗空化破坏能力进行比较。

4.1 缩放式消能工水力学总体特性

借助于特殊体型,使得水流经过时突缩和突扩来达到消能目的的消能工,都可以被称作缩放式消能工。缩放式消能工主要包括孔板与洞塞两种。前面已经讨论过,在孔径比一定的情况下,孔板与洞塞的区别主要体现在其厚度上。

4.1.1 孔径比对能量损失系数的影响

图4.1为数值模拟所得的缩放式消能工能量损失系数与孔径比的关系曲线。由该图可以看出:孔径比对缩放式消能工能量损失系数的影响是,无论是洞塞还是孔板,能量损失系数均随孔径比的增大而减小,且孔径比的大小对缩放式消能工能量损失系数的影响很大,在各个不同厚径比之下,能量损失系数与孔径比的关系变化趋势一致。当孔径比在 0.40 ~ 0.60 之间变化时,能量损失系数变化较大。特别是当孔径比从 0.4 变化到 0.6 时,能量损失系数减小达 70% 以上,以后随着孔径比的进一步增大,这种变化的趋势趋于平缓。当孔径比大于 0.8 之后,能量损失系数接近于 0,相当于没有消能效果了。这说明在实际工程之中,改变孔径比对消能效果影响是较为明显的,但另一方面孔径比太小又会减小泄洪洞的过流能力,并且增大泄洪洞空化的可能性。因此在选取合适的孔径比时,要综合考虑消能效果、空化特性和过流能力。

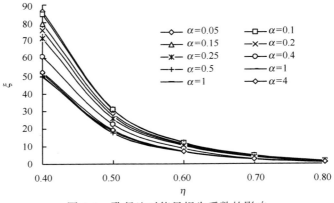

图 4.1　孔径比对能量损失系数的影响

4.1.2 厚径比对能量损失系数的影响

图 4.2 为数值模拟所得的在不同的孔径比之下缩放式消能工能量损失系数与厚径比的关系曲线。该图表明：当厚径比在小于 0.5 范围之内变化时，能量损失系数的变化较大，且能量损失系数随厚径比的增加而减小，此时的消能工应属于孔板；当厚径比增大到 0.5 之后，随着厚径比的增加，能量损失系数几乎不再变化，当 $0 < \alpha < 0.15$ 时，厚径比的变化对水头能量损失系数的影响较小，随着厚径比的增加，能量损失系数有微弱的减小，当 $0.15 \leqslant \alpha < 0.5$ 时，随着厚径比的增加，能量损失系数急剧减小；当 $0.5 \leqslant \alpha < 1$ 时，能量损失系数随着厚径比的变化又开始变缓，仍然微弱地减小；当 $\alpha \geqslant 1$ 后，能量损失系数随着厚径比变化几乎不变。

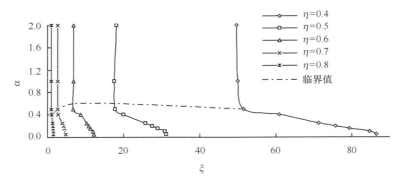

图 4.2　厚径比与能量损失系数的关系

从图 4.2 还可发现：当孔径比为 0.4 时，厚径比的变化对能量损失系数的影响较为明显，特别是当厚径比在小于 0.5 范围内变化时，能量损失系数减小幅度达 45% 左右，而当厚径比大于 0.5 之后，随着厚径比的增加，能量损失系数的变化已经不明显，而当孔径比为 0.8 时，厚径比的变化对能量损失几乎没有影响，此时消能工已经完全变成洞塞，可以认为是沿程水头系数的影响（图 4.2 中的临界值，即是前文所提出的孔板与洞塞划分的标准）。由此可见，在孔径比相同的条件下，孔板的消能特性要优于洞塞。

4.2　孔板与洞塞水力学特性对比

4.2.1　最低壁面压强系数的定义

本章所研究的孔板及洞塞体型分别如图 4.3 及图 4.4 所示。关于孔板与洞塞的界定在第 2 章已经详细论述过。由于消能工厚度的不同，从而导致孔板与洞塞在流态上也不同。关于孔板与洞塞在消能和抗空化破坏方面谁优谁劣，一直是水利学界所关注的问题。已有的研究成果表明，空化首先是在水流中最低压强处产生。如果空化首先发生在孔板或洞塞泄洪洞壁面附近，会对泄洪洞直接造成破坏性的威胁。因此最低压强系数可以间接表明孔板或洞塞泄洪洞抗空化破坏的能力。定义孔板或洞塞的壁面压强系数如下：

$$c = (p_0 - p)/(0.5\rho u^2) \qquad (4.1)$$

式中，p_0 为孔板或洞塞前面未扰动断面平均压强；p 为孔板泄洪洞壁面压强；u 为泄洪洞内水流的平均流速。

当 p 达到最小值 p_{min} 时，就可得到孔板或洞塞的最小壁面压强系数：

$$c_{min} = (p_0 - p_{min})/(0.5\rho u^2) \qquad (4.2)$$

式（4.2）表明了孔板抗空化破坏能力的强弱，如果 c_{min} 越小，则表明孔板或洞塞抗空化破坏的能力越强。

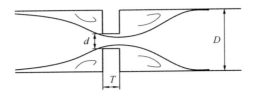

图 4.3 孔板流态

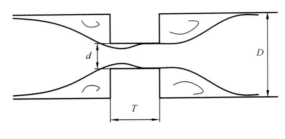

图 4.4 洞塞流态

4.2.2 孔板与洞塞消能特性对比

本章数值模拟所用到模型跟第 2 章数值计算用到的模型一样，仍然是 RNG $k - \varepsilon$ 模型。边界条件、流出条件及轴对称条件的处理方法也完全跟第 2 章的处理方法相同。计算的泄洪洞直径为 0.21 m，入口流速取为 1 m/s。计算的结果见表 4.1。表 4.1 中各符号的意义为：$\eta = d/D$，为孔径比；ξ 为孔板或洞塞能量损失系数；l_b 为孔板后或洞塞后相对回流区长度（$l_b = L/D$，L 为孔板后或洞塞后回流区长度）。

表 4.1 孔板与洞塞水力学特性比较

η		0.4	0.5	0.6	0.7	0.8
孔板 ($\alpha = 0.1$)	ξ	92.00	31.20	12.20	4.20	1.50
	l_b	3.40	3.15	2.61	1.92	1.20
	$c_{\min}$	128.21	48.50	21.61	10.70	5.51
洞塞 ($\alpha = 1.0$)	ξ	50.25	17.59	6.88	2.52	1.03
	l_b	2.95	2.71	2.27	1.62	0.93
	$c_{\min}$	118.98	45.23	19.12	9.85	5.09

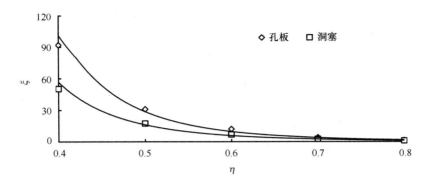

图 4.5 孔板与洞塞水头损失系数比较

根据表 4.1 中的相关数据，可以绘制出图 4.5。该图表明，在孔径比和入口流速相同的情况下，孔板的水头损失系数要比洞塞的水头损失系数大。这一结果说明：虽然水流在经过洞塞时经历了两次突扩，而水流在经过孔板时只经历过一次突扩，但在孔径比和入口流速相同的条件下，孔板的消能能力却比洞塞强。

在孔径比相同的条件下，孔板比洞塞消能能力强的原因是：孔板或洞塞回流区是水流能量消耗的重要源地，回流区长度越大，水流在回流区内的能量消耗越大。图 4.6 也是根据表 4.1 中部分数据绘制而成。该图清楚地表明了回流区长度与水头损失系数之间的关系。图 4.7 及图 4.8 分别是在孔径比相同时，数值模拟得出的关于孔板与洞塞回流区的情况。图 4.9 是摘取表 4.1 中的数据绘制出的关于孔板与洞塞回流区长度比较情况。通过比较图 4.7、图 4.8、图 4.9 后发现，当孔径比和入口流速相同时，孔板回流区长度要比洞塞回流区长度长。由于回流区长度是缩放式消能工能量损失的重要源地，因此在孔径比相同时，孔板的消能能力要比洞塞强。

图 4.10 显示了孔径比为 0.5、入口流速为 1 m/s 时，孔板和洞塞壁面压强系数的沿程分布情况。该图表明，在孔径比和入流条件相同的情况下，洞塞的最小壁面压强系数比孔板小，这说明洞塞抗空化破坏的能力比孔板强。根据表 4.1 中的数据可直接绘制出图 4.11。该图更直观地表现出：当孔径比相同时，洞塞的最小壁面压强系数比孔板小。

为了进一步验证上面的数值模拟结论，设置了孔径比为 0.7，厚径比

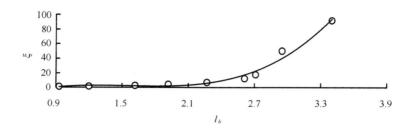

图 4.6　水头损失系数与回流区长度的关系

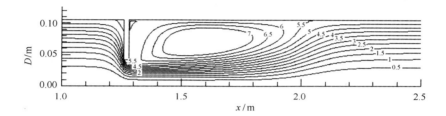

图 4.7　孔板回流区（$\eta = 0.4$，$\alpha = 0.1$）

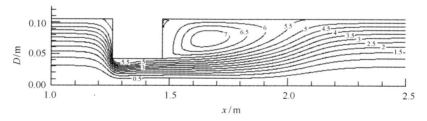

图 4.8　洞塞回流区（$\eta = 0.4$，$\alpha = 1.0$）

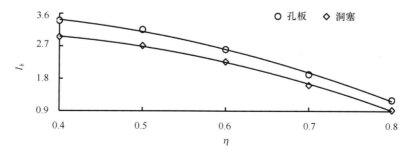

图 4.9　洞塞与孔板回流区长度比较

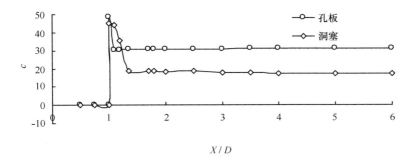

图 4.10   孔板与洞塞壁面压强系数沿程分布（$\eta = 0.5$）

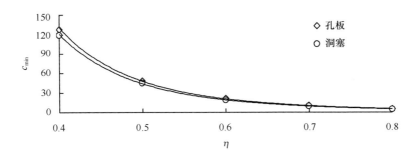

图 4.11   孔板与洞塞最小壁面压强系数比较

（T/D）分别为 0.1 和 1.0 的孔板及洞塞。模型泄洪洞直径仍然选择 21 cm，泄洪洞全长也仍是 5.25 m。试验的成果数据见表 4.2。表 4.2 中 Q 表示流量，H 表示水位高度。从表 4.2 可以看出，当孔径比均为 0.7 时，孔板的平均水头损失系数是 4.25，而洞塞的平均水头损失系数是 2.38，因此在孔径比相同时，孔板的消能能力要优于洞塞。表 4.1 中数值模拟的结果显示，当孔径比为 0.7 时，厚径比为 0.1 的孔板水头损失系数为 4.2，厚径比为 1.0 的洞塞的水头损失系数为 2.52。数值模拟的结论与物理模型试验的结果吻合良好。从表 4.2 还可以看出：当孔径比均为 0.7 时，每一个相应的水位下，孔板的最小壁面压强系数均大于洞塞的最小壁面压强系数，这间接说明，在孔径比相同时，洞塞的抗空化破坏的能力要比孔板强，物理模型试验的这一结论也与数值模拟的结论相吻合。

表 4.2　模型试验成果

消能工种类	H/m	Q $/(\mathrm{m^3 \cdot s^{-1}})$	$c_{\min}$	$\dfrac{p_1}{\rho g}/\mathrm{m}$	$\dfrac{p_2}{\rho g}/\mathrm{m}$	ξ	平均 ξ
洞塞 $(\alpha=1.0)$	2.10	0.072 111	9.92	1.840	1.310	2.43	
	1.72	0.065 432	9.86	1.485	1.058	2.35	
	1.32	0.056 755	9.78	1.140	0.822	2.33	2.38
	0.82	0.043 993	9.74	0.728	0.528	2.43	
	0.42	0.029 863	9.81	0.371	0.282	2.35	
孔板 $(\alpha=0.1)$	2.10	0.028 115	11.12	2.056	1.912	4.33	
	1.69	0.025 331	10.98	1.660	1.542	4.32	
	1.28	0.021 887	10.78	1.253	1.165	4.32	4.25
	0.81	0.017 441	10.30	0.782	0.727	4.25	
	0.39	0.012 99	10.12	0.389	0.360	4.04	

4.3　本章小结

通过数值模拟和物理模型试验的途径，对孔板和洞塞两种消能机理相似的消能工进行了比较研究，结果表明，在孔径比相同的情况下，孔板的消能能力比洞塞强，但洞塞抗空化破坏的能力要优于孔板。

5 不同体型孔板水力学特性比较

本章通过数值模拟的方法，比较研究方形孔板、锐缘孔板及圆角孔板在消能特性及空化特性方面的各自优缺点，以便为实际工程应用提供参考。

5.1 孔板体型研究概述

关于孔板的水动力学特性问题，国内外研究较多，且也取得了很多重要成果。但是，国内外关于孔板水动力学特性方面的研究，也主要是寻求在孔板的初生空化数或能量损失系数与孔板的体型要素（如孔径比、孔板厚度等）、水力要素（如雷诺数等）之间建立某种定量或定性的关系。事实上，孔板的体型有多种，常见的就有方形孔板、坡形进口孔板、锐缘孔板以及圆角孔板等（各种孔板体型如图 5.1 所示）。孔板的体型不同，其水力学特性也有所区别。因此不同体型的孔板在水动力学特性方面都有各自的优缺点，针对工程设计的实际特点来选择最适合的孔板体型来消能显得尤为重要。本章的目的，就是应用数值模拟的方法，选择在实际工程中应用前景较广阔的方形孔板、锐缘孔板以及圆角孔板来进行比较研究，比较它们三者在孔径比及孔板厚度相同的情况下，其能量损失系数、空化特性以及回流区长度方面的差别，以便为工程实际中的选择运用提供参考。本章所研究的锐缘孔板及圆角孔板 ［如图 5.1 中的（c）图及（d）图］ 的角度 φ 均取为 $30°$，这一角度也是工程中最常用的角度；（d）图中的圆角半径 r 取值为 $r/d = 0.06$（d 为孔板直径），r 的这一取值也在工程应用范围之内。

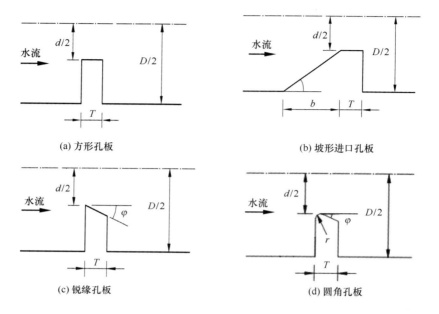

图 5.1　各种孔板体型

5.2　不同体型孔板回流区长度比较

本章采用的计算模型仍为 RNG $k-\varepsilon$ 模型，计算采用二阶迎风格式，入流边界、出流边界、对称轴边界和壁面边界的处理办法与第 2 章数值模拟部分边界条件的处理是完全一样的，计算的泄洪洞直径同样为 21 cm。由第 3 章的计算结果可知，回流区长度只与孔径比及孔板厚度相关，当水流的雷诺数达到 10^5 时，雷诺数对回流区长度的影响可忽略。本章回流区长度的计算范围包括孔板后缘到水流突扩后与泄洪洞再附点之间的一段距离范围。本章计算的几种孔板厚径比均固定为 0.1。图 5.2 为计算所得出的锐缘孔板、方形孔板、圆角孔板回流区长度随孔径比变化的关系曲线。

由图 5.2 可知：在相同孔径比和厚径比情况下，锐缘孔板的回流区长度最大；方形孔板的回流区长度最小；圆角孔板的回流区长度居中。由于回流区是能量消散的重要区域，因此回流区长度也能间接反映出：

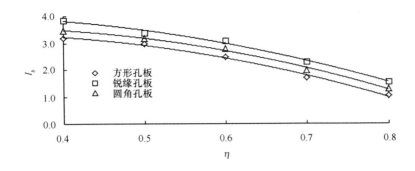

图 5.2 3 种孔板回流区长度比较

在相同孔径比和厚度时，锐缘孔板的消能效果最好；方形孔板的消能效果最差；圆角孔板的消能效果居中。当然在选择孔板时，不仅考虑其消能效果，还应考虑孔板的安全，尤其是应考虑其空化特性。在考虑多级孔板之间的合理间距时，孔板后回流区的长度也应该是重要的考虑因素之一。

5.3 不同体型孔板空化特性比较

图 5.3 是计算所得的锐缘孔板、方形孔板、圆角孔板最小壁面压强系数随孔径比的变化情况，图 5.3 表明：随孔径比的增大，3 种孔板的最小壁面压强系数逐步减小。在相同孔径比和厚度时，锐缘孔板的最小壁面压强系数最大；圆角孔板次之；方形孔板的最小壁面压强系数最小。当孔径比大于 0.7 时，它们三者的最小壁面压强系数相差不大。由于空化最先出现在压强最低的地方，因此最小压强系数大的孔板最容易发生空化（本书第 4 章中已经论述过）。由此看来：随孔径比的增大，3 种孔板的抗空化破坏的能力增强。若孔径比和厚度相同，则锐缘孔板抗空化破坏的能力最弱；方形孔板抗空化破坏的能力最强；而圆角孔板抗空化破坏的能力居中。当孔径比大于 0.7 时，这 3 种孔板抗空化破坏的能力相差无几。

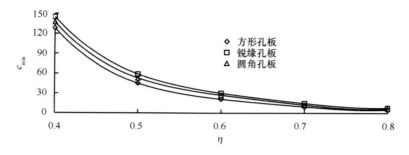

图5.3　3 种孔板最小壁面压强系数比较

5.4　不同体型孔板消能特性比较

图5.4 为计算所得的锐缘孔板、方形孔板、圆角孔板水头损失系数随孔径比的变化情况。

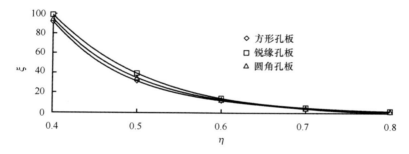

图5.4　3 种孔板水头损失系数比较

图5.4 结果表明：随孔径比的增大，3 种孔板的水头损失系数也随之减小。在相同孔径比和厚度时，锐缘孔板的水头损失系数最大；圆角孔板次之；方形孔板的水头损失系数最小。当孔径比大于 0.6 时，这 3 种孔板的水头损失系数比较接近。这也说明：在相同孔径比和厚度时，锐缘孔板的消能效果最好；圆角孔板次之；方形孔板的消能效果最差，当孔径比大于 0.6 时，这 3 种孔板的消能能力相差不大。这一研究结论与图5.2 的研究结论趋于一致。图5.2、图5.3 及图5.4 共同表明：孔板的消能能力与抗空化破坏能力是一对矛盾，消能效果好的孔板，其抗空化破坏能力较

差。在设计孔板时，应根据工程实际，全盘综合考虑各种因素，最后才能选择适当的孔板体型。

5.5   本章小结

通过数值模拟的方法，本章比较了方形孔板、锐缘孔板及圆角孔板 3 种孔板的回流区长度特性、空化特性及消能特性方面的优缺点。研究结果表明：在相同孔径比和厚度的情况下，锐缘孔板的消能能力最强；圆角孔板次之；方形孔板的消能能力最差。但是，在相同孔径比和厚度的情况下，它们三者抗空化破坏的能力恰恰相反。孔板的消能能力和抗空化破坏的能力是一对矛盾，消能能力差的孔板，其抗空化破坏的能力强，在工程实际中，应根据实际需要合理选择最恰当的孔板体型。

6 孔板后水流恢复特性

本章用理论分析、数值模拟及物理模型试验的方法，研究孔板后水流恢复长度与相关影响因素之间的关系，并提出计算孔板后水流恢复长度的经验公式。

6.1 孔板后水流恢复特性概述

已有的很多研究表明，孔板后水流在 $3D$（D 为泄洪洞直径）处基本恢复正常。因此，很多专家在按照式（3.3）计算孔板能量损失系数时，将断面 2-2（见图 3.1）取在孔板后 $3D$ 处。事实上，这种做法并不一定科学。这主要是因为：孔板后的回流区长度、孔板的能量损失系数均随孔径比及孔板的厚度变化而变化，因此孔板后水流的恢复长度也会随相关因素的变化而变化。因此，不考虑孔板体型因素，而直接认为所有孔板后面的水流恢复长度均为 $3D$，不免有失偏颇。孔板后水流的恢复长度，是多级孔板设计时要考虑的重要指标。如果多级孔板中上下级孔板之间的间距不能大于孔板后水流的恢复长度，各级孔板的消能功能不能完全发挥，同时更不能保证各级孔板之间的等空化性，这对多级孔板泄洪洞的安全极为不利。由此看来，有必要在综合考虑各种因素的前提下，综合研究孔板后水流的恢复长度。

6.2 孔板后水流恢复长度的影响因素

影响孔板后水流恢复长度的因素较多，这些因素主要包括：水流密度 ρ（kg/m³），水流的动力黏度 μ（N·s/m²），泄洪洞直径 D（m），孔板直径 d（m），孔板厚度 T（m），泄洪洞入流速度 u（m/s）。可将影响孔板后水流恢复长度的因素写成如下函数关系式：

$$f_1(D,d,T,\rho,\mu,u,L) = 0 \qquad (6.1)$$

式中，L 为孔板后水流恢复长度。以上 7 个变量中，泄洪洞直径 D、水流的动力黏度 μ、水流密度 ρ 为 3 个独立的基本变量。按照量纲分析的原理，式（6.1）可写成以下无量纲表达式：

$$f_2\left(\frac{d}{D},\frac{T}{D},\frac{uD\rho}{\mu},\frac{L}{D}\right) = 0 \qquad (6.2)$$

式中，d/D 为孔径比 η，T/D 为厚径比 α，$uD\rho/\mu$ 为雷诺数 Re。对式（6.2）进一步变形可得到：

$$L/D = f_3(\eta,\alpha,Re) \qquad (6.3)$$

将式（6.3）改写成：

$$l_b = f_4(\eta,\ \alpha,\ Re) \qquad (6.4)$$

式中，l_b 是孔板后水流相对恢复长度（$l_b = L/D$）。式（6.4）表明：孔板后水流的相对恢复长度是孔径比、厚径比及雷诺数的函数。由此看来，并不是所有孔板后水流的恢复长度均为 $3D$，孔板后水流的恢复长度随孔板的体型变化而变化。运用数值模拟的手段和物理模型试验的方法，可将式（6.4）进一步具体化。

6.3 孔板后水流恢复长度数值研究

数值模拟的数学模型仍采用第 2 章的模型。入口流速、孔板泄洪洞的直径、边界条件均与第 2 章的处理方法一样。数值模拟的工况分两种，工况 1 设置如下：设置孔径比 η 及厚径比 α（$\eta = 0.50$，$\alpha = 0.15$）不变，而雷诺数 Re 在 $9.00 \times 10^4 \sim 2.76 \times 10^6$ 之间变化，计算在孔板体型变化而雷诺数不变情况下的孔板后水流相对恢复长度。工况 1 的目的是研究在孔板体型不变的情况下，孔板后水流的相对恢复长度与雷诺数之间的关系。工况 2 的设置为：雷诺数不变（$Re = 1.80 \times 10^5$），而孔径比和厚径比变化，计算在雷诺数不变而孔板体型变化情况下的孔板后水流相对恢复长度。工况 2 的目的是研究在雷诺数不变的情况下，孔板后水流的相对恢复长度与孔径比、厚径比之间的关系。

由图 3.1 可以看出，如果断面 2-2 取在孔板后水流完全恢复处，按照式（3.3）计算出的孔板能量损失系数才是孔板真正的能量损失系数，且只要孔板体型及水流条件不变，计算出的能量损失系数是一个不变的恒值。但是，如果断面 2-2 距离孔板比较近，此时的断面 2-2 处水流还没完全恢复，由式（3.3）计算出的孔板能量损失系数会比实际的小。因此，孔板后水流的恢复长度可按照以下方法确定：先将 2-2 断面取在孔板后较远水流完全恢复处（如孔板后 3D 远的地方），用式（3.3）计算孔板能量损失系数，然后逐步缩小断面 2-2 距孔板的距离，分别计算断面 2-2 处在不同位置时的孔板能量损失系数。当第一次计算到孔板能量损失系数即将变小时的断面 2-2 的位置就是孔板后水流开始恢复的位置，此时的断面 2-2 距孔板的距离，即可被认为是孔板后水流的恢复长度 L。数值计算的结果分别见表 6.1 及表 6.2。

表 6.1　工况 1 计算结果（$\eta = 0.5$，$\alpha = 0.15$）

$Re/10^5$	0.90	1.80	9.20	18.40	27.60
l_b/m	4.58	4.6	4.6	4.6	4.6

表 6.2　工况 2 计算结果（$Re = 1.80 \times 10^5$）

d/D	T/D				
	0.05	0.10	0.15	0.20	0.25
0.40	$l_b = 5.40$	$l_b = 5.28$	$l_b = 5.11$	$l_b = 5.02$	$l_b = 4.94$
0.50	$l_b = 4.91$	$l_b = 4.78$	$l_b = 4.61$	$l_b = 4.52$	$l_b = 4.42$
0.60	$l_b = 4.41$	$l_b = 4.28$	$l_b = 4.12$	$l_b = 4.13$	$l_b = 4.02$
0.70	$l_b = 3.90$	$l_b = 3.78$	$l_b = 3.62$	$l_b = 3.60$	$l_b = 3.52$
0.80	$l_b = 3.41$	$l_b = 3.29$	$l_b = 3.13$	$l_b = 3.09$	$l_b = 3.02$

从表 6.1 可以看出，当雷诺数小于 10^5 时，l_b 随雷诺数的增加而稍有增加，但是当雷诺数大于 10^5 时，l_b 几乎不随雷诺数的变化而变化，此时雷诺数对 l_b 的影响可忽略不计。根据表 6.2 中的数据，可以绘制图 6.1。

图 6.1 表明：当雷诺数大于 10^5 且厚径比 T/D 不变时，l_b 随孔径比 d/D 的增加而线性减小；当雷诺数大于 10^5 且孔径比 d/D 不变时，l_b 也随厚径比 T/D 的增加而线性减小。产生以上现象的主要原因是：随着孔径比和厚径比的增加，孔板的能量损失减小，且孔板后回流区的长度也相应减小，孔板后水流需要较短距离就能恢复正常。

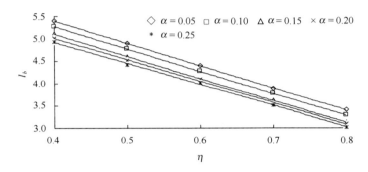

图 6.1　孔板后水流恢复长度与相关因素的关系

按照回归分析的原理，曲线拟合图 6.1 中的曲线，可以得到如下关于 l_b 的经验表达式：

$$l_b = 2.18\eta \times \alpha - 3.23\alpha - 5.09\eta + 7.55 \qquad (6.5)$$

式（6.5）的适用范围为：$\eta = 0.4 \sim 0.8$，$\alpha = 0.05 \sim 0.25$ 且 $Re > 10^5$。

6.4　孔板后水流恢复长度物理模型试验研究

物理模型试验安排如图 3.9。物理模型试验的结果分别见表 6.3 和表 6.4。表 6.3 和表 6.4 中相关符号的意义为：H（m）为水位高，Q（m^3/s）为流量，$p_1/\rho g$（m）为图 3.1 中断面的压强（用水柱高表示），ξ 为孔板能量损失系数［按照公式（3.3）计算而得到］，L_m 为断面 2 – 2 距离孔板的距离，D 为泄洪洞直径。

表 6.3　物理模型试验结果（$T/D = 0.1$）

	H/m	Q /(m³·s⁻¹)	$\dfrac{p_1}{\rho g}$/m	ξ			
				$L_m/D = 5.06$	$L_m/D = 5.26$	$L_m/D = 5.46$	$L_m/D = 5.66$
$d/D = 0.4$	2.08	0.017 208	2.06	99.35	95.35	95.33	95.36
	1.69	0.015 662	1.67	99.21	95.33	95.32	95.61
	1.27	0.013 789	1.27	99.23	95.31	95.21	94.92
	0.82	0.010 595	0.80	99.22	95.22	95.23	95.31

	H/m	Q /(m³·s⁻¹)	$\dfrac{p_1}{\rho g}$/m	ξ			
				$L_m/D = 4.6$	$L_m/D = 4.8$	$L_m/D = 5.0$	$L_m/D = 5.2$
$d/D = 0.5$	1.70	0.020 820	1.69	33.21	31.00	31.10	31.00
	1.32	0.018 088	1.25	33.22	30.90	31.15	30.90
	0.79	0.014 005	0.79	33.43	30.98	30.81	30.81
	0.42	0.009 487	0.40	33.18	31.15	31.10	31.15

	H/m	Q /(m³·s⁻¹)	$\dfrac{p_1}{\rho g}$/m	ξ			
				$L_m/D = 4.09$	$L_m/D = 4.29$	$L_m/D = 4.49$	$L_m/D = 4.69$
$d/D = 0.6$	1.72	0.024 076	1.69	12.55	11.42	11.32	11.72
	1.34	0.021 132	1.31	12.56	11.53	11.54	11.48
	0.82	0.015 944	0.79	12.49	11.57	11.55	11.65
	0.38	0.010 253	0.37	12.53	11.55	11.54	11.55

	H/m	Q /(m³·s⁻¹)	$\dfrac{p_1}{\rho g}$/m	ξ			
				$L_m/D = 3.6$	$L_m/D = 3.8$	$L_m/D = 4.0$	$L_m/D = 4.2$
$d/D = 0.7$	1.69	0.025 331	1.66	4.95	4.32	4.32	4.32
	1.28	0.021 887	1.25	4.99	4.32	4.32	4.32
	0.81	0.017 441	0.78	4.97	4.37	4.32	4.31
	0.39	0.012 990	0.39	4.95	4.31	4.33	4.30

	H/m	Q /(m³·s⁻¹)	$\dfrac{p_1}{\rho g}$/m	ξ			
				$L_m/D = 3.1$	$L_m/D = 3.3$	$L_m/D = 3.5$	$L_m/D = 3.7$
$d/D = 0.8$	1.70	0.027 358	1.65	1.62	1.38	1.39	1.38
	1.28	0.023 815	1.24	1.62	1.38	1.39	1.39
	0.79	0.018 863	0.76	1.61	1.38	1.38	1.38
	0.41	0.013 789	0.40	1.62	1.38	1.38	1.38

表 6.4 物理模型试验结果 ($d/D = 0.7$)

	H/m	Q /(m³·s⁻¹)	$\dfrac{p_1}{\rho g}$/m	ξ			
				$L_m/D = 3.71$	$L_m/D = 3.91$	$L_m/D = 4.11$	$L_m/D = 4.31$
$T/D = 0.05$	2.12	0.066 278	1.90	4.47	4.22	4.22	4.20
	1.70	0.059 809	1.53	4.43	4.23	4.22	4.28
	1.30	0.050 995	1.15	4.45	4.23	4.23	4.21
	0.78	0.038 757	0.71	4.47	4.23	4.24	4.25
	0.41	0.026 744	0.38	4.46	4.22	4.22	4.22
	H/m	Q /(m³·s⁻¹)	$\dfrac{p_1}{\rho g}$/m	ξ			
				$L_m/D = 3.4$	$L_m/D = 3.65$	$L_m/D = 3.8$	$L_m/D = 4.1$
$T/D = 0.15$	1.70	0.060 627	1.51	3.83	3.64	3.65	3.65
	1.29	0.052 285	1.14	3.84	3.64	3.65	3.64
	0.80	0.040 555	0.72	3.83	3.65	3.65	3.65
	0.40	0.027 358	0.37	3.83	3.65	3.65	3.65
	H/m	Q /(m³·s⁻¹)	$\dfrac{p_1}{\rho g}$/m	ξ			
				$L_m/D = 3.4$	$L_m/D = 3.6$	$L_m/D = 3.8$	$L_m/D = 4.0$
$T/D = 0.20$	1.72	0.061 816	1.52	3.48	3.31	3.29	3.29
	1.32	0.052 977	1.15	3.44	3.32	3.30	3.32
	0.81	0.040 397	0.70	3.47	3.31	3.30	3.30
	0.41	0.027 633	0.37	3.48	3.31	3.30	3.30
	H/m	Q /(m³·s⁻¹)	$\dfrac{p_1}{\rho g}$/m	ξ			
				$L_m/D = 3.3$	$L_m/D = 3.51$	$L_m/D = 3.71$	$L_m/D = 3.91$
$T/D = 0.25$	1.69	0.061 907	1.49	3.23	3.05	3.05	3.05
	1.30	0.053 151	1.14	3.22	3.07	3.06	3.07
	0.82	0.041 743	72.0	3.23	3.05	3.06	3.06
	0.41	0.027 977	0.36	3.23	3.05	3.06	3.05
	0.42	0.029 863	0.37	3.24	3.05	3.06	3.05

将表 6.3 及表 6.4 中的能量损失系数 ξ 首次不变时的 L_m 当成孔板后水流恢复长度 L，则可从表 6.3 及表 6.4 中得到如表 6.5 及表 6.6 所示的孔板后水流相对恢复长度 l_b。

表 6.5　物理模型试验所得 l_b（$T/D=0.1$）

d/D	0.4	0.5	0.6	0.7	0.8
l_b	5.26	4.80	4.29	3.80	3.30

表 6.6　物理模型试验所得 l_b（$d/D=0.7$）

T/D	0.05	0.15	0.20	0.25
l_b	3.91	3.65	3.60	3.51

应用表 6.5 中的数据及公式（6.5），可以绘制出图 6.2；应用表 6.6中的数据及公式（6.5），可以绘制出图 6.3。由图 6.2 及图 6.3 可以看出，公式（6.5）的计算值与物理模型试验的结果吻合良好，因此，完全可用经验公式（6.5）来计算孔板后水流的恢复长度。

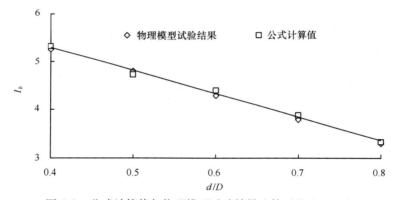

图 6.2　公式计算值与物理模型试验结果比较（$T/D=0.1$）

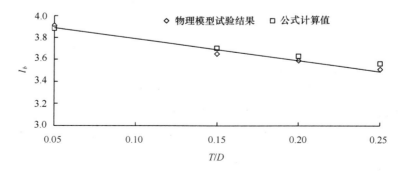

图 6.3　公式计算值与物理模型试验结果比较（$d/D=0.7$）

6.5 本章小结

对于孔板而言，其后相对水流恢复长度 l_b 是孔径比 d/D，厚径比 T/D 及雷诺数 Re 的函数。当雷诺数 Re 大于 10^5 时，雷诺数对 l_b 的影响可忽略不计。孔径比 d/D 是控制孔板后水流相对恢复长度 l_b 的关键因素。随着孔径比 d/D 及厚径比 T/D 的增加，孔板后水流相对恢复长度 l_b 呈线性减小。孔板后水流相对恢复长度 l_b 可用经验公式（6.5）来计算。物理模型试验的结果表明，经验公式（6.5）的计算结果与实际吻合良好。

7 孔板空化特性

本章在理论分析的基础上，通过常压试验及减压试验，研究孔板空化特性与相关影响因素之间的相互关系。

7.1 空化对泄水建筑物的破坏

在自然条件下，当水流中压强减小至饱和蒸汽压强时，水流连续性会遭受破坏，在水流中形成充满蒸汽和空气的空泡；当压强再升高时，这些空泡随机溃灭，这就是水流空化现象。在空化现象发展的初期，其表现形式为孤立的单个空泡，或者单个空泡相连的空泡组，这种现象定义为初生空化。如果空泡溃灭靠近建筑物表面，则建筑物边壁会受到巨大的冲击力，这种冲击力超过材料颗粒的内聚力时即产生破坏，称为空蚀现象。空泡溃灭的过程只有数千分之一秒，但产生的压强可达 1 500 MPa。试验表明，空蚀强度约与流速的 5~7 次方成正比。例如泄洪洞的水头由 50 m 增加到 100 m 时，空蚀强度增加 5~7 倍，而由 50 m 增加到 150 m 时，空蚀强度可增加到 39 倍以上。在高速水流作用下，由于建筑物体型设计不当或由于施工质量不好造成建筑物表面的不平整而发生空蚀破坏的实例很多，工程空蚀破坏实例如表 7.1 所示。

表 7.1 泄水建筑物空蚀破坏实例

时间	工程	空蚀破坏
1935	马登（巴拿马）	溃坝后首次进行空蚀研究
1941	波尔多（美）	小流量即发生空蚀破坏
1941~1983	胡佛（美）	最初发生于 1941 年，修复后 1983 年又遭空蚀破坏
1960	大古力（美）	由于流向的突然改变引起空蚀
1964	帕利塞兹多尔斯（美）	进水口门槽后发生空蚀

时间	工程	空蚀破坏
1966	阿迪尔-达维拉（葡）	泄洪洞空蚀
1967	黄尾坝（美）	表面3 mm不平整度引起整个衬砌完全破坏至基岩
1967	龟溪坝（美）	止水漏水引起空蚀
1970	清溪坝（美）	引水管空蚀
1972	利比坝（美）	泄水道空蚀，反弧有裂缝
1977	塔尔贝拉（巴基斯坦）	表面不平整引发空蚀破坏
1977	卡伦（伊朗）	高流速，衬砌不平整引发空蚀
1983	格兰峡谷（美）	泄洪洞空蚀破坏严重
1969~1972	刘家峡	泄洪洞明流反弧段空蚀破坏
1987~1989	龙羊峡	深水底孔空蚀破坏
2001	二滩	水电站1#泄洪洞损坏

图7.1为两个泄水建筑物的空蚀破坏实例。其中，图7.1（a）中1983年格兰峡谷工程左岸泄洪洞空蚀破坏的深度达11 m，图7.1（b）中1997

(a) 格兰峡谷工程，1983   (b) Folsom工程，1997

图7.1 泄水建筑物空蚀破坏实例

年 Folsom 工程 3[#]、4[#]泄洪洞的空蚀破坏深度达 3 m。常见发生空蚀的部位有：溢流坝反弧末端、泄水道进出口、高压闸门门槽、消力墩，以及船闸廊道闸室等。柴恭纯总结了 1983 年以前的 242 项空蚀事故实例，并根据其特征进行分类统计分析（表 7.2）。

表 7.2　水工泄水建筑物破坏统计分类

序号	空蚀部位或类别	工程名称	例数	百分比/%
1	门槽空蚀	响洪甸泄洪洞等	54	22.3
2	不平整空蚀	大古力溢流坝面等	47	19.4
3	消能工空蚀	柘溪消能工等	47	19.4
4	底板空蚀	塞尔蓬松 1 号底孔等	22	9.1
5	体型不良空蚀	东方红底孔等	20	8.3
6	门阀空蚀	阿尔考夫针行阀等	13	5.4
7	弯段空蚀	刘家峡等	10	4.1
8	双层过水	盐锅峡底孔等	8	3.3
9	通气不足	南山泄水管等	6	2.5
10	明满流交替	柘林导流洞等	4	1.7
11	门槽进水	磨子潭泄洪洞等	4	1.7
12	溢流堰顶空蚀	波维尔溢流坝等	3	1.2
13	岔管空蚀	大西洋二合一隧洞等	3	1.2
14	止水缝隙空蚀	梅山水库底孔等	2	0.8
15	空蚀与冲蚀混合发生	泥山等	2	0.8
16	磨蚀与空蚀混合发生	刘家峡泄水道等	2	0.8
17	进口漩涡导致空蚀	三门峡双层孔	1	0.4
18	其他	塔尔贝拉 2 号隧洞	16	6.6

Falvey 认为气泡溃灭有两种不同的机理：（1）冲击波理论：当空泡移动到高压区，气泡直径减小到一个最小值，然后再增加或者反弹。如果是空泡云，反弹的累积结果将形成巨大的冲击波。（2）微射流理论：高速摄影和理论计算结果表明，近壁区单个气泡的不对称溃灭形成微射流流速高达 170～230 m/s，足以破坏表面材料。Eisenhauer 认为空蚀破坏的损失质量是空泡在近壁区溃灭能量的函数，提出以下公式：

$$\dot{E}_{int} = 0.97\rho_w \frac{(1-\mu)}{G} v_s \frac{2r_{jet}^3}{R_e^3} p_\infty n \sum_{j=i}^{6} \left[1.1^{\frac{-2L_1}{R+(i-3.5)\sigma_d}} - 1.1^{\frac{-2L_2}{R+(i-3.5)\sigma_d}} \right] \times$$

$$\frac{[R+(i-3.5)\sigma_d]^4}{L_2 - L_1} e^{\frac{-(i-3.5)^2}{2}} \tag{7.1}$$

式中，$\dot{E}_{int}$ 为每时间段的能量（dE/dt）；μ 为混凝土的泊松比；G 为刚性模量；v_s 为声速；r_{jet} 为微射流直径；R_e 为溃灭空泡直径；R_{max} 为最大空泡直径；R 为平均气泡直径，$R = 0.5(R_{max} + R_e)$；σ_d 为标准差，$\sigma_d = 1/6(R_{max} - R_e)$；$p_\infty$ 为溃灭压力；$L_{1,2}$ 为边壁与空泡之间的距离；n 为空泡云中溃灭空泡的个数。

总损失率 $\dot{M}$ 采用单位时间的空蚀体积 V 表示，与空泡溃灭能量 $\dot{E}_{int}$ 和材料稳定系数 $\dot{E}_w$ 的函数关系为：

$$\dot{M} = \frac{dV}{dt} = \frac{\dot{E}_{int}}{C_2 \dot{E}_w} \tag{7.2}$$

式中，$\dot{E}_w$ 为应力、应变的函数；C_2 为混凝土的折减系数，$C_2 = 0.1 \sim 0.3$。

式（7.1）可以作为预测空蚀破坏的理论公式，但是式中含有大量的未知参数，限制了公式的实用性，因此工程中更多的是采用原型观测判断。大多数对于空蚀破坏的预测方法都基于原型观测结果，原观试验通常在流速 $10 \sim 15$ m/s 表面粗糙的混凝土，直至流速达 35 m/s，表面比较平整的混凝土条件下进行。Oskolkov 认为泄洪洞在工作水头超过 $50 \sim 60$ m 时有空蚀破坏危险。也有学者认为过流面光滑，在空化数大于 0.25 时在常规工况下运行不会发生空蚀破坏。这一数值表明，表面平整的混凝土溢洪道，没有竖向曲率，非高海拔，在流速超过 29 m/s 会发生空蚀。但实际工程中远小于 29 m/s，通常在 $22 \sim 26$ m/s 即发生空蚀。判断空蚀发生可能性的一个常用的方法是计算水流的空化数 σ，其定义为：

$$\sigma = \frac{p_o - p_v}{\rho \bar{u}^2/2} \tag{7.3}$$

式中，$\bar{u}$ 为平均流速；ρ 为水的密度；p_v 为水的蒸汽压；$p_o = p_a + p_g$ 为局部绝对压强；p_a 为大气压；p_g 为测压管压力。

很多专家认为发生空蚀破坏的临界值 σ_c 与糙体高度 h_r、错距、坡度、当量粗糙度、紊流边界层和流速有关。Arndt 提出一个计算临界空化数的公式：

$$\sigma_c = c\left(\frac{h_r}{\delta}\right)^m \left(\frac{\bar{u}\delta}{v'}\right)^n \tag{7.4}$$

式中，δ 为边界层厚度；$\bar{u}$ 为平均流速；v' 为紊流脉动流速；系数 c 和指数 m、n 的取值由糙体的形状、类型、高度 h_r 决定。如果将式（7.3）中的压强采用 m 水柱表示，则有：

$$\sigma = \frac{h_g + h_a - h_v}{\bar{u}^2/2g} \tag{7.5}$$

式中，h_g、h_a、h_v 分别为当地测压管水头（单位：m）、大气压（单位：m）和水流的饱和蒸汽压（单位：m）。

假定水温为 14 ℃，$h_a - h_v = 10$ m，式（7.5）化为：

$$\sigma = \frac{h_g + 10}{\bar{u}^2/2g} \tag{7.6}$$

根据工程经验，在空化数大于 0.2 时，可以认为无空蚀发生，如果临界空化数 $\sigma_c = 0.2$，测压管水头 $h_g = 3$ m，则平均流速 $\bar{u} \geqslant 35.8$ m/s 时会发生空蚀。通常采取一些减蚀方案，可有效减少空蚀破坏。常见的减蚀方案判定标准见表 7.3。

表 7.3　减蚀方案的判定标准

空化数 σ	设计要求
> 1.80	不会发生空蚀
0.25 ~ 1.80	控制过流面不平整度
0.17 ~ 0.25	修改过流面曲率
0.12 ~ 0.17	增加掺气设施
< 0.12	改变设计方案

7.2　影响孔板空化的因素

孔板抗空蚀破坏的能力可以用空化数来表示。当孔板附近水流空化数

σ 大于其临界空化数 σ_c 时, 孔板一般不会发生空化。孔板的空化数可以表示为:

$$\sigma = \frac{p_\infty - p_v}{0.5\rho u^2} \qquad (7.7)$$

式中, σ 为通常所说的空化数; p_∞ 为孔板前未扰动断面的绝对压强; p_v 为水流的饱和蒸汽压; u 为泄洪洞内的平均流速。

当空化初生时, σ 为对应的临界空化数, 用 σ_c 表示, 初生空化是水中气核失去稳定的临界点, 通常认为, 当水流中的气压低于水流饱和蒸汽压时, 气核往往会失稳而空化初生[148-149]。不同的气核, 对应不同的初生空化数。由于每次通过液体中某区域的气核具有随机性, 同时脉动压强也具有随机性, 因此初生空化数也具有随机性。工程中常定义大量气核失稳所对应的初生空化数的统计平均值为相应流场的初生空化数。

影响初生空化数的因素很多。这些影响因素有: 水流中的最低压强, 包括时均压强和脉动压强[150-152]; 水中气核的尺寸及密度分布; 来流速度及来流的黏度; 水中溶解的气核含量; 水流的饱和蒸汽压; 气核生长的惯性力等。

天然水流中, 气核的含量、气核的尺寸及密度分布几乎变化较小, 因此它们对初生空化的影响较小。同时气核生长的惯性力对初生空化数的影响程度取决于绕流体特征长度与气核初始半径特征长度的比值, 当该比值较大时, 气核生长的惯性力的影响较弱而可以忽略。如果忽略次要因素的影响, 那么水流中空化初生的最低压强、水流的饱和蒸汽压和流速是影响空化初生的主要因素。

对于孔板而言, 孔板附近空化初生的最低压强主要是由此时孔板前未扰动断面的平均压强、泄洪洞内水流的平均流速和孔板体型所决定。影响孔板空化初生的主要因素可以归结为以下几个方面。

(1) 体型参数。孔板泄洪洞的体型参数包括: 泄洪洞直径 D、孔板直径 d、孔板厚度 T。

(2) 水力参数。水力参数主要包括: 空化初生泄洪洞内水流的平均流速、水流动力黏滞系数 μ、水流密度 ρ、水流饱和蒸汽压 p_v、空化初生时孔板前未扰动断面的平均绝对临界压强 $p_{\infty,c}$。

将影响孔板空化初生的因素写成如下无量纲表达式：

$$f(D,d,T,u_c,\mu,\rho,p_v,p_{\infty.c}) = 0 \tag{7.8}$$

通过量纲分析可以得到：

$$\frac{p_{\infty.c}}{\rho u^2},\frac{p_v}{\rho u^2} = f\left(\frac{d}{D},\frac{T}{D},\frac{\mu}{\rho u D}\right) \tag{7.9}$$

考虑到 $\mu/(\rho u D) = 1/Re$，则由上式可得到孔板的初生空化的临界空化数的无量纲表达式为：

$$\sigma_c = \frac{p_{\infty.c} - p_v}{0.5\rho u^2} = f(Re,d/D,T/D) \tag{7.10}$$

式（7.10）表明：孔板的临界空化数由孔径比 d/D、厚径比 T/D 和雷诺数 Re 所决定。

7.3　水流脉动对孔板空化的影响

水流脉动对孔板空化的影响，主要反映在对式（7.7）中的 p_{∞} 的影响。水流瞬时流速和瞬时压强可以用平均值加脉动值来表示，即 $u = \bar{u} + u'$、$p = \bar{p} + p'$，根据不可压缩流体的 N-S 方程及连续方程：

$$\frac{\partial u_i}{\partial t} + u_j\frac{\partial u_i}{\partial x_j} + \frac{1}{\rho}\frac{\partial p}{\partial x_i} - \nu\nabla^2 u_i = 0 \tag{7.11}$$

$$\frac{\partial u_i}{\partial x_i} = 0 \tag{7.12}$$

对式（7.11）两端关于 x_i 求偏导得

$$\frac{1}{\rho}\frac{\partial^2 p}{\partial x_i^2} - \nu\nabla^2\frac{\partial u_i}{\partial x_i} = 0 \tag{7.13}$$

应用连续方程（7.12），式（7.13）可以变为：

$$\frac{\partial^2 p}{\partial x_i^2} = \nabla^2 p = -\rho\left(\frac{\partial u_j}{\partial x_i}\frac{\partial u_i}{\partial x_j}\right) - \rho\left(u_j\frac{\partial^2 u_i}{\partial x_i\partial x_j}\right) \tag{7.14}$$

将 $u = \bar{u} + u'$ 和 $p = \bar{p} + p'$ 代入式（7.14）可得：

$$\nabla^2 p' = -\rho\left[2\frac{\partial \bar{u_i}}{\partial x_j}\frac{\partial u_j'}{\partial x_i} + \frac{\partial^2}{\partial x_i\partial x_j}(u_i'u_j' - \overline{u_i'u_j'})\right] \tag{7.15}$$

水流流经孔板时，在孔板的阻挡作用下，水流会在孔板稍后的地方形成一个收缩断面，然后再扩充到整个泄洪洞。孔板的特殊体型使得水流流经孔板时流线变化剧烈，流速变化强烈，引起流经孔板的水流压强剧烈脉动。

在孔板中流动的水流由于在中部流线弯曲的曲率较小，水流脉动较小，因此越靠近流束外围，脉动压强越大。在水位为 700 m 情况下，每隔 0.5D（D 为泄洪洞直径）测得的脉动壁压幅值均方根 σ 沿水流方向的分布如图 7.2 所示。由图 7.2 可以看出，压强壁压脉动在孔板稍前部位较高，随后逐步下降，直到经过水流收缩断面后逐步回升。大约在空腔末端水流全部扩充到整个泄洪洞附近达到最大。水流脉动的这一特征是由孔板前后的特殊流态造成的，水流流经孔板时，孔板前后均有分离的漩涡回流区。在回流区内，大涡体的紊动性作用造成的较大幅度的脉动是形成管壁脉动压力的主要原因。同一剖面环向各测点上的脉动压力强度变化不大，最大相对误差小于 17%，具有很好的轴对称性。孔板泄洪洞壁压脉动频率较低，频谱范围一般为 0～5 Hz，峰值频率一般为 0～0.5 Hz，因此孔板水流紊动是低频大脉动。

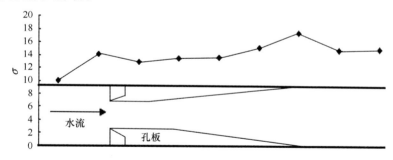

图 7.2　孔板边壁脉动压力分布

根据水流中的空泡动力学原理，孔板水流中的气核要发展成气泡必须具备两个条件：①空化数 σ 小于临界初生空化数 σ_c，即 $\sigma < \sigma_c$，也就是说气核发展成气泡有充足的低压条件；②在低压条件下，气核必须具备发展成临界半径 R_c 所需要的时间 t_c。对于条件①，即使 $\sigma > \sigma_c$，但在水流压强脉动下，仍然有可能发生空化。对于式（7.7），参考位置处的压强 p_∞ 如果按照瞬时压强 $p(t)$ 考虑 $[p_\infty = p(t)]$，则 $p(t)$ 为时均压强 p 和脉动

压强 $p'(t)$ 之和：

$$p\ (t)\ = p + p'\ (t) \tag{7.16}$$

则空化数 σ 以瞬时压强 $p(t)$ 表示为

$$\sigma(t)\ = [p + p'\ (t)\ - p_v]/(u^2/2g) \tag{7.17}$$

通常认为孔板不发生空化具备的条件是空化数 σ 大于临界空化数 σ_c，即 $\sigma > \sigma_c$。但在水流脉动情况下，以时均压强为参数计算出来的空化数往往偏大，这样不利于泄洪洞安全。当压强脉动到时均值以下时，式（7.17）中的 $p'(t)$ 为负值，此时按照式（7.16）计算出的空化数比实际大。当 $\sigma > \sigma_c > \sigma\ (t)$ 时，即 $p > p_i > p - p'\ (t)$ 时（p_i 为临界压强），按照式（7.16）计算认为没有发生空化，但实际上在局部地方已经出现了微空化。

对于条件②，首先列出气核发育运动方程：

$$U\ = \frac{\mathrm{d}R}{\mathrm{d}t} = \left\{ \frac{2C_0^2}{3(1-\gamma)} \left[\left(\frac{R_0}{R}\right)^{3\gamma} - \left(\frac{R_0}{R}\right)^3 \right] + \frac{2\sigma_1}{\rho R} \left[\left(\frac{R_0}{R}\right)^2 - 1 \right] + \right.$$
$$\left. \frac{2}{3} \frac{(p_\infty - p_v)}{\rho} \left[\left(\frac{R_0}{R}\right)^3 - 1 \right] \right\}^{0.5} \tag{7.18}$$

式中，U 为气核壁发育速度，$U\ = \mathrm{d}R/\mathrm{d}t$；$C_0^2 = p_1/\rho$，$p_1$ 为初始时刻气核内的空气压力；p_v 为气核内的蒸汽压力；σ_1 为水的表面张力系数；γ 为空气绝热系数；p_∞ 为未受扰动的断面压力；R 为气核半径；R_0 为气核初始半径。

若令式（7.18）中等号的右边为 $f_1(R, p_\infty - p_v)$，则气核在临界压强下从初始状态半径 R_0 发育成临界半径 R_c 所需要的时间为

$$\Delta t\ = \int_{R_0}^{R_c} 1/f_1(R, p_c - p_v)\mathrm{d}R \tag{7.19}$$

天然水流中气核的初始半径一般为 $(2 \sim 50) \times 10^{-6}$ m，随水流动气核半径一般为 $(0.05 \sim 5) \times 10^{-6}$ m，因此可近似认为在孔板附近流动水体中的气核半径范围为 $R_0 = (0.05 \sim 50) \times 10^{-6}$ m。近似取 $p_1 = p_\infty - p_v + 3\sigma/R_0 = p_c - p_v + 3\sigma_1/R_0$，$\sigma_1 \approx 0.0728$ N/m，$p_v \approx 2452$ Pa，在 $R_0 = (0.05 \sim 50) \times 10^{-6}$ m 范围内计算出 R_c、p_c、p_1 和 Δt 见表7.4。

表7.4　不同初始半径下的 R_c、p_c、p_1、R_0、Δt（$\gamma = 4/3$）

R_0 /10^{-8} m	R_c /10^{-8} m	P_1 /10^6 Pa	P_c /10^6 Pa	Δt /10^{-7} s
5	8.79	3.125 54	-1.240 01	0.03
50	87.89	0.312 55	-0.121 80	0.93
100	176.00	0.156 35	-0.059 59	2.64
500	879.00	0.031 26	-0.009 97	29.40
1 000	1 760.00	0.015 64	-0.003 75	83.50
1 500	2 640.00	0.010 42	-0.001 68	153.00
2 000	3 520.00	0.007 82	-0.000 65	236.00
2 500	4 390.00	0.006 25	-0.000 04	327.00
3 000	5 270.00	0.005 21	0.000 38	431.00
3 500	6 150.00	0.004 46	0.000 68	543.00
4 000	7 030.00	0.003 91	0.000 90	664.00
4 500	7 910.00	0.003 47	0.001 07	793.00
5 000	8 790.00	0.003 13	0.001 21	929.00

由表7.4可以看出：气核在临界压力下从初始半径发育成临界半径所需要的时间很短，其数量级大约为 $10^{-7} \sim 10^{-5}$ s，而孔板水流脉动压强频谱范围一般为 0～5 Hz，水流处于脉动负半周期的时间数量级比 Δt 大很多，气核在水流脉动压强的负半周期有足够的时间发育成气泡。因此，在计算孔板的空化数时必须考虑脉动压强的影响。运用概率论的知识得出了考虑脉动压强影响的孔板空化数的计算公式：

$$\sigma = \frac{p_\infty - p_v}{0.5\rho u_0^2} - 1.6\lambda K \qquad (7.20)$$

其中，

$$K = \frac{\sqrt{p'^2}}{0.5\rho u_0^2} \qquad (7.21)$$

式（7.20）中：λ 为大于1的数，一般取值范围为 1.1～1.2。

　　通过以上分析可以看出，归根到底，孔板的特殊体型决定了水流流速的脉动，水流的流速脉动决定了压强的脉动。当 $d/D < 0.65$ 时，脉动压力系数几乎不变，约为 0.5；当 $d/D > 0.65$ 时，脉动压力系数随孔径比的增加而迅速增大；当 $d/D > 0.85$ 以后，脉动便逐渐减小；当 $d/D = 0.85$ 时，脉动压力系数最大，约等于 3。为偏于安全，在没空化时，脉动压力系数可取平均压力系数的 5%，当空化发生时，脉动压力系数可取平均压力系数的 12%。一般认为孔板圆化对减小脉动有益，加消涡环可以减少孔板水流的脉动。为了减少水流的脉动以偏于工程安全，可以适当考虑改变孔板的体型。

7.4　孔板最低壁面压强系数

　　空化往往发生在最低压强处。对于孔板泄洪洞来说，最低壁面压强处也是首先发生空化的地方。因此最低壁面压强系数能间接反映孔板抗空蚀破坏的能力。关于孔板最低壁面压强系数，可参见式（4.2）。影响孔板最低壁面压强系数的因素包括：水流密度 ρ（kg/m³），水流动力黏度 μ（N·s/m²），泄洪洞直径 D（m），孔板直径 d（m），孔板厚度 T（m），泄洪洞平均流速 u（m/s），孔板前未扰动断面与孔板附近壁面最低压强差 $p_0 - p_{\min}$（Pa）[p_0 和 $p_{\min}$ 关系见式（4.2）]。考虑以上所有因素，可得到如下表达式：

$$f_1(D, d, T, \rho, \mu, u, p_0 - p_{\min}) = 0 \qquad (7.22)$$

以上 7 个独立变量中，可将 D、μ 及 ρ 作为 3 个基本变量。根据量纲分析原理，可得到如下无量纲表达式：

$$f_2\left(\frac{d}{D}, \frac{T}{D}, \frac{uD\rho}{\mu}, \frac{p_0 - p_{\min}}{\rho u^2}\right) = 0 \qquad (7.23)$$

将式（7.23）改写成：

$$\frac{p_0 - p_{\min}}{\rho u^2} = f_3\left(\frac{d}{D}, \frac{T}{D}, \frac{uD\rho}{\mu}\right) \qquad (7.24)$$

联合式（4.2）及式（7.24）可得到：

$$c_p = 2f_3\left(\frac{d}{D}, \frac{T}{D}, \frac{uD\rho}{\mu}\right) = f_4(\eta, \alpha, Re) \qquad (7.25)$$

式中，$\eta = d/D$ 为孔径比；$\alpha = T/D$ 为厚径比；Re 为雷诺数。

式（7.25）表明：孔板最低壁面压强系数是孔径比、厚径比及雷诺数的函数。根据式（7.25），通过物理模型试验取得试验数据，然后回归分析试验数据，可得到孔板最低壁面压强系数的经验表达式。根据式（7.25）的要求，物理模型试验安排如下：物理模型试验模型见图3.9，物理模型试验的孔板体型见表7.5。物理模型试验分两种工况：工况1是厚径比 $\alpha = 0.1$ 不变，孔径比及雷诺数变化，测量在不同孔径比及雷诺数情况下的孔板最低壁面压强系数；工况2是孔径比 $\eta = 0.7$ 不变，测量在不同厚径比及雷诺数情况下的孔板最低壁面压强系数。孔板泄洪洞壁面压强的测量是通过测量安装在孔板泄洪洞壁面测压管上的水柱高来完成。物理模型试验的结果分别见表7.6及表7.7。

表 7.5 物理模型试验孔板体型

孔板体型	η	α	孔板体型	η	α
1	0.40	0.10	6	0.70	0.05
2	0.50	0.10	7	0.70	0.15
3	0.60	0.10	8	0.70	0.20
4	0.70	0.10	9	0.70	0.25
5	0.80	0.10	10	0.70	0.50

表 7.6 Re 及 η 对 c_p 的影响（$\alpha = 0.1$）

η	c_p				
	$Re = 1.20 \times 10^5$	$Re = 1.10 \times 10^5$	$Re = 1.00 \times 10^5$	$Re = 0.69 \times 10^5$	$Re = 0.51 \times 10^5$
0.40	2.98	2.98	2.97	2.95	2.94
0.50	2.61	2.61	2.60	2.58	2.57
0.60	2.15	2.15	2.14	2.13	2.12
0.70	1.86	1.86	1.85	1.84	1.84
0.80	1.26	1.25	1.24	1.24	1.24

表 7.7　*Re* 及 *α* 对 c_p 的影响（*η* = 0.7）

α	c_p				
	$Re = 1.20 \times 10^5$	$Re = 1.10 \times 10^5$	$Re = 1.00 \times 10^5$	$Re = 0.69 \times 10^5$	$Re = 0.51 \times 10^5$
0.05	1.89	1.89	1.87	1.86	1.85
0.10	1.86	1.86	1.85	1.84	1.84
0.15	1.73	1.73	1.72	1.71	1.70
0.25	1.39	1.39	1.38	1.37	1.36
0.50	1.01	1.00	0.99	0.98	0.97

由表 7.6 和 7.7 中的数据可以看出：当雷诺数 *Re* 小于 10^5 时，孔板最低壁面压强系数 c_p 随雷诺数 *Re* 的增大而稍有增大，但当雷诺数 *Re* 大于 10^5 时，雷诺数对孔板最低壁面压强系数 c_p 的影响不明显。应用表 7.6 中 $Re = 1.20 \times 10^5$ 时的数据可以绘制成图 7.3；同样，应用表 7.7 中 $Re = 1.20 \times 10^5$ 时的数据可以绘制成图 7.4。图 7.3 表明，孔径比对孔板最低壁面压强系数的影响是显著的，随着孔径比的增大，孔板最低壁面压强系数减小。图 7.4 表明，厚径比对孔板最低壁面压强系数也有重要影响，随着孔板厚度的增加，孔板最低壁面压强系数逐渐减小。由于孔板泄洪洞边壁最先发生空化的部位是压强最低处，因此图 7.3 及图 7.4 共同说明：随着孔板孔径比及厚径比的增加，孔板发生空蚀破坏的风险减小。对图 7.3 及图 7.4 中的两条曲线进行拟合，可得到孔板最低壁面压强系数的经验表达式：

$$c_p = 1.12 e^{-1.47\alpha} \times [-2.07(\eta)^2 - 1.7(\eta) + 3.98] \qquad (7.26)$$

式（7.26）的实用范围为：$0.4 < \eta < 0.8$，$0.05 < \alpha < 0.50$，且 *Re* $> 10^5$。

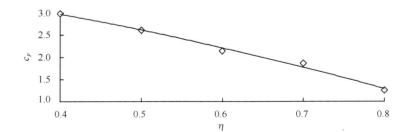

图 7.3　*η* 对 c_p 的影响（$Re = 1.20 \times 10^5$，$\alpha = 0.1$）

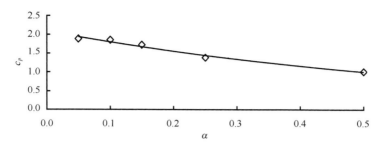

图 7.4　α 对 c_p 的影响（$Re = 1.20 \times 10^5$，$\eta = 0.7$）

7.5　孔板空化特性试验

7.5.1　空化初生的判断方法

空化初生的机理比较复杂，对于不同的空化初生判断方法，其判断标准也不尽相同，而且不同的判断方法存在的误差也不一样。最简单的空化初生的判断方法是目测法。当空泡出现时，泡内的气体对光的折射不同于水，因此可用肉眼来判断气泡是否发生。目测法比较简单直观，但究竟什么时候才算初生空化开始，到目前为止还没有绝对的定论。有的研究者认为观察到每分钟出现 3 ~ 5 个空泡就可视空化已经发生，但也有不少人认为每分钟出现 5 个以上空泡才能算空化发生，甚至还有人认为当空泡达到每分钟出现 5 个空泡时，空化早已发生[153 - 154]。因此目测法带有很大的主观性和随意性，而且观测误差也较大。特别是当水中混有空气时，用肉眼很难将空气气泡和蒸汽气泡区别开来。因此随着科技的进步，目测法现在已较少使用，而只是将其作为一种辅助的判断方法加以使用。

利用先进的仪器进行自然科学的探索已经成为一种发展的大趋势。声学噪声法就是在这种背景下产生的用来判断空化初生的现代方法。根据声学原理，液流中的空泡属于体积声源或单极子声源，它比偶极子及四极子声源的辐射效率都要高，由于空泡的这一特性，使得人们用先进仪器来探测它的发生变成现实。当空泡初生时，空泡辐射出来的声音能量较小，大约只占空泡总能量的 1%，此时需在 10 kHz 以上高频率范围内进行捕捉。通常的噪声频率谱分析系统可以采集和处理 10 ~ 160 kHz 的声信号。通过噪声频率谱来判断空化初生的方法通常有声压级法、能量和真空度对比判别法以及能量过程线法。压级法判断空化初生的方法是：当真空度不同时，将空化噪声声压级 SPL（Sound Pressure Level）与水流无空化时的背景噪声声压级相对比，当最大声压级达到 6 ~ 10 dB 时就认为空化初生[150 - 151]。能量过程线法判断空化初生的方法是：在某一真空度下，绘制噪声相对能量的时间过程线（$E/E_0 - t$ 关系曲线）。如果在无空化状态，曲线比较光滑；如果空化发生，曲线就会出现数量不等的尖峰，这一尖峰与空泡溃灭所辐射的能量相对应。通常认为尖峰出现的频率大约每分钟 3 ~ 5 个则认为空化初生。能量和真空度对比法判断空化初生的方法是：在相对真空度和相对能量关系曲线（$\eta/\eta_0 - E/E_0$）中，曲线开始大幅度上升的地方的 η/η_0 与空化初生相对应，根据此时的 η/η_0 是否小于 1 来判断水流是否空化初生。噪声能量 E 的计算公式为[153 - 155]：

$$E = 0.231\,6 \times 10^{-9} \sum 10^{-SPL_j} \times f_j [\,\mathrm{erg}^① / (\mathrm{s} \cdot \mathrm{cm}^2)\,] \qquad (7.27)$$

式中，f_j 为第 j 频段的中心频率；E_0 为在低真空度下不发生空化时测得的背景噪声能量；SPL_j 为仪器所测得的 10 ~ 160 kHz 频率范围内第 j 频段的声压级。本文应用背景噪声法来判断空化初生。

7.5.2　试验装置及量测系统

本试验是在减压箱中进行的。模型实验必须满足重力相似和空化相似准则。要满足空化相似，必须使得试验模型和原型之间满足下列等式关系：

$$\left(\frac{h_a + h - h_v}{u^2} \right)_p = \left(\frac{h_a + h - h_v}{u^2} \right)_m \qquad (7.28)$$

---

① erg 为非法定计量单位，1 erg = 10^{-7} J。

式中，h_a 为大气压力水柱；h 为孔板参考断面压力水柱；u 为参考断面平均流速；h_v 为一定温度下的蒸汽压力水柱；下标 p 表示原型的参数，m 表示模型参数。应用重力相似定律的比例关系 $u = L_r^{1/2}$ 得：

$$(h_a + h - h_v)_r = u^2 = L_r \tag{7.29}$$

如果用 η 表示减压箱的真空度，h_a 表示试验室大气压力水柱，则模型中控制的压力水柱为：

$$(h_a)_m = (1 - \eta)h_a \tag{7.30}$$

将式（7.30）代入式（7.28）得：

$$\eta = 1 - \frac{(h_v)_m}{h_a} - \frac{(h_a)_p}{L_r h_a} + \frac{(h_v)_p}{L_r h_a} \tag{7.31}$$

密闭的减压箱就是为了满足重力相似和空化相似的原则而专门设置的，其特点是根据模型比尺的大小，对模型自由表面的大气压实施适当减压来满足模型与原型空化条件相似，预演或重演原型中的空化水流。本文用的减压箱位于河海大学高速水流实验室。该减压箱工作段宽度 1.0 m，总长度 14.5 m，箱体高度 1.8 ~ 4.0 m，箱体与水泵中心线高差 10.0 m，能够提供的流量为 0.5 m³/s，能够达到的最大真空度为 99%。减压箱运行控制方便，可同时检测流量、试验室大气压和水温等试验状况。试验中的空化噪声是用水听器进行收集，水听器的响应频率范围为 5 ~ 200 kHz。水听器收集到的信号送到空化声测处理系统进行处理。声测处理系统是由成都泰斯特公司生产。该处理系统（NoiseA1.0 系统）的工作原理为：用带有以太网接口的嵌入式 CPU 单元去控制多路 A/D 通道同时采集，采集到的数据用以太网接口送到客户端的主控机。由于由采集器提供数据信息，因此也可将采集器看作是服务器。采集器既可单台与主控器连接，也可多台与主控器连接形成网式数据处理系统。因此采集器不仅有采集信号可靠和快速的优点，而且扩充通道也极其方便经济。信号采集如图7.5 所示。

图 7.5　空化噪声量测系统

7.5.3 试验模型及工况

试验模型比尺为 75，设置的模型共 4 个，分别为 $M_1 \sim M_4$。模型孔板厚径比均为 0.1 不变，但孔径比从 0.6 变化到 0.8。各模型的主要尺寸见表 7.8。

表 7.8 减压试验模型体型参数

模型编号	泄洪洞直径/m	η	孔板直径/m	α
M_1	0.21	0.60	0.126 0	0.10
M_2	0.21	0.70	0.147 0	0.10
M_3	0.21	0.78	0.163 8	0.10
M_4	0.21	0.80	0.168 0	0.10

7.5.4 试验结果分析

试验选取在较低水位空化未发生时的噪声为背景噪声。在此基础上逐步提高水位，当所测噪声频谱比背景噪声频谱大 6~10 dB 时的水位就认为是空化初生水位（图 7.6 是所测得的孔径比为 0.6 时背景噪声和空化噪声频谱，图 7.7 是所测得的孔径比为 0.7 时背景噪声和空化噪声频谱）。根据试验时的温度，可求得减压箱中的气压和饱和蒸汽压。在常压条件下，测出各种工况空化初生水位下未扰动断面（本文取孔板前 0.5D 断面）的相对压强和流速。根据空化初生时孔板前未扰动断面的相对压强、减压箱中的气压、水流流速和饱和蒸汽压，可根据下式计算初生空化数：

$$\sigma_c = \frac{p_u/\gamma + p_a/\gamma - p_v/\gamma}{u^2/2g} \qquad (7.32)$$

式中，p_u/γ 为孔板前 0.5D 断面的水流的相对压强（m）；p_a/γ 为环境压强（m），这里指减压箱中的气压，按照式（7.30）计算；$u^2/2g$ 为泄洪洞内的水流平均流速水头（m）；p_v/γ 为水流的饱和蒸汽压（m）。式（7.32）的含义与式（7.10）的含义实际上完全相同。减压试验结果见表 7.9。

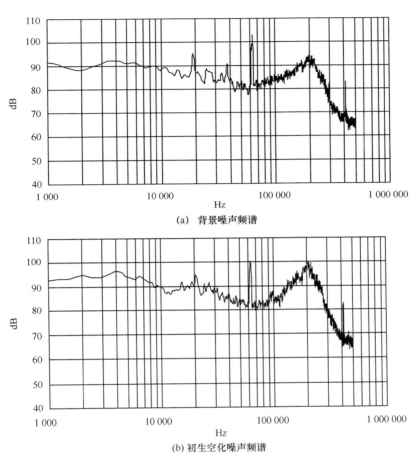

(a) 背景噪声频谱

(b) 初生空化噪声频谱

图 7.6　孔径比为 0.6 时的背景噪声和初生空化噪声频谱

表 7.9　各种工况临界空化数计算结果

	模型编号			
	M_1	M_2	M_3	M_4
$\dfrac{p_u}{\gamma}$ /m	0.651	0.098	0.711	2.070
$\dfrac{p_a}{\gamma}$ /m	0.311	0.372	0.310	0.311
$\dfrac{p_v}{\gamma}$ /m	0.192	0.211	0.211	0.201
$\dfrac{u^2}{2g}$ /m	0.031	0.073	0.073	0.282
σ_c	22.621	12.312	7.963	6.960

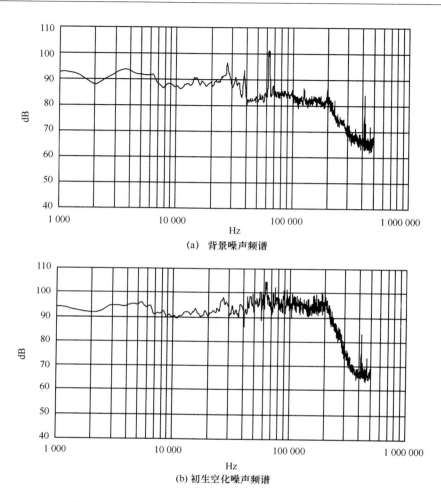

图 7.7　孔径比为 0.7 时的背景噪声和初生空化噪声频谱

　　表 7.9 中的结果数据表明，孔径比对孔板的临界空化数的影响较大，孔径比越大，临界空化数越小。这也说明，孔板的孔径比越大，孔板发生空蚀破坏的风险也越小。如 M_4（孔径比为 0.8，厚径比为 0.1）孔板的临界空化数为 6.96，而 M_1（孔径比为 0.6，厚径比为 0.1）孔板的临界空化数为 22.621，M_4 孔板发生空蚀破坏的风险比 M_1 孔板小。通过减压试验所得孔板空化特性的结论与分析孔板最低壁面压强系数所得孔板空化特性结论一致。

7.6 本章小结

空化与空蚀对水工建筑物有着极大的破坏性。孔板泄洪洞也不例外，也容易受到空蚀破坏的影响。影响孔板泄洪洞空化空蚀的因素包括：孔板附近水流压强的脉动、孔板的孔径比、孔板的厚度等。孔板最低壁面压强系数也能间接反映孔板抗空蚀破坏的能力，最低壁面压强系数越小，孔板越不容易发生空化破坏。常压试验的结果表明，孔板最低壁面压强系数是雷诺数、孔径比及厚径比的函数。当雷诺数大于 10^5 时，雷诺数对孔板最低壁面压强系数可忽略不计。孔板最低壁面压强系数均随着孔径比及厚径比的增大而减小，孔板最低壁面压强系数可通过式（7.26）来计算。减压试验的结果说明，随着孔径比的增大，孔板的临界空化数减小。减压试验的结果与常压试验的结果相吻合。

8 多级消能孔板设计

本章在综合分析孔板消能工的水力特性的基础上，提出多级孔板设计的一般原则及方案，即既满足消能要求，又不发生空化的设计方案。数值模拟和物理模型试验研究表明，本章提出的多级孔板设计方案是合理的。

8.1 孔板水力特性综合分析

前面几章主要研究了孔板的消能特性和空化特性，由前面的研究可知：在雷诺数较大时，孔板的能量损失系数和临界初生空化数主要受孔径比和孔板的体型影响。孔径比越大，孔板的能量损失系数和初生空化数越小；对于平头孔板而言，孔板的厚度越大，其能量损失系数也越小，但厚度对其初生空化数影响不大。其中孔板的孔径比对孔板能量损失系数和初生空化数的影响较大。

图 8.1 是根据前面第 3 章的孔板能量损失系数经验公式［式（3.12）］和第 7 章孔板最低壁面压强系数经验表达式［式（7.26）］得出的孔板能量损失系数与最低壁面压强系数之间的关系示意图（孔板厚径比为 0.1）。从该图可以看出：孔板的最低壁面压强系数与孔板的能量损失系数是一对矛盾，最低壁面压强系数越小的孔板，其能量损失系数也越小。因而，对某一个单级孔板而言，既要满足消能要求，又要满足不空化要求，有时候很难达到。因此，为了既满足泄洪洞的消能要求，又满足其空化要求，采用多级孔板消能不失为一种理想的选择（多级孔板消能如图 8.2 所示）。

孔板泄洪洞的泄量与孔板的能量损失系数也存在一定的关系。一般情况下，孔板泄洪洞直径以及上下游的水位差均是已知量，由水力学中关于有压流的泄流公式可以得到孔板泄洪洞的下泄流量为：

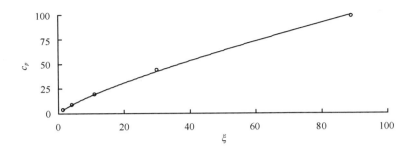

图 8.1 孔板能量损失系数与最低壁面压强系数的关系

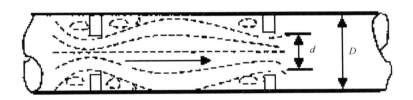

图 8.2 多级孔板消能

$$Q = \mu A_T \sqrt{2g\Delta H} = \frac{1}{\sqrt{\sum \xi_i + \lambda \dfrac{l}{d}}} A_T \sqrt{2g\Delta H} \qquad (8.1)$$

式中，Q 为孔板泄洪洞下泄流量；A_T 为孔板泄洪洞的断面积；ξ_i 为各局部能量损失系数；λ 为沿程阻力损失系数；ΔH 为泄洪洞上下游水位差。

由式（8.1）可以看出，孔板的能量损失系数越大，孔板泄洪洞的下泄流量越小。在工程设计中，一般设计流量会已知，而且沿程阻力损失系数和其他局部水头损失系数可以通过水力学相关公式求得。因此在设计流量、上下游水位差、泄洪洞直径已知的情况下，孔板的能量损失系数也就由式（8.1）确定了。

8.2 多级孔板设计原则

多级孔板设计，除了要满足泄流量的要求以外，还应达到消能效率高和不发生空化的要求。如果泄洪洞设计流量、上下游水位差和泄洪洞的体型尺寸已经确定，根据式（8.1）可知，此时第一级孔板上游 $0.5D$ 处断面平均压强 p_1、泄洪洞内的平均流速 u 以及多级孔板的总局部能量损失系数 $\left(\sum \xi_j \right)_{\text{design}}$ 也就基本确定，即存在以下关系式：

$$\sum_{j=1}^{n} \xi_j = \left(\sum \xi_j \right)_{\text{design}} \tag{8.2}$$

另外，对于多级孔板的空化特性，还要满足以下两条原则：

（1）各级孔板的空化数大于初生空化数[156-157]，即：

$$\sigma_j > \sigma_{jc} \tag{8.3}$$

式中，σ_j 为第 j 级孔板的空化数；σ_{jc} 为第 j 级孔板的初生空化数。根据式（7.10），对于孔板而言，不等式右边主要是关于孔板的孔径比 η 的函数。如果第一级孔板上游的压强 p_1、泄洪洞内的平均流速 u 均已知，第一级孔板的设计空化数 $(\sigma_1)_{\text{design}}$ 为已知量，且必须满足：

$$(\sigma_1)_{\text{design}} > \sigma_{1c} \tag{8.4}$$

（2）各级孔板都应具有相等的安全空化余量，即各级孔板满足等空化原则。也就是说前后两级孔板的空化数减去其初生空化数的结果保持一致。这样保证了如果多级孔板有某一级孔板发生空化，其余各级孔板均同时空化。将各级孔板空化安全余量相等写成函数关系式为：

$$\sigma_j - \sigma_{jc} = \sigma_{(j+1)} - \sigma_{(j+1)c} \tag{8.5}$$

式中，σ_j 为第 j 级孔板的空化数；σ_{jc} 为第 j 级孔板的初生空化数；$\sigma_{(j+1)}$ 为第 $j+1$ 级孔板的空化数；$\sigma_{(j+1)c}$ 为第 $j+1$ 级孔板的初生空化数。对式（8.5）变形得：

$$\sigma_{jc} - \sigma_{(j+1)c} = \sigma_j - \sigma_{(j+1)} \tag{8.6}$$

第 j 级孔板的水流空化数为：

$$\sigma_j = \frac{p_j - p_v}{\rho u^2 / 2} \tag{8.7}$$

式中，p_j 为第 j 级孔板前 $0.5D$ 处断面平均绝对压强；p_v 为水流的饱和蒸汽压；u 为泄洪洞平均流速。第 j 级孔板的能量损失系数可以表示为：

$$\xi_j = \frac{p_j - p_{(j+1)}}{\rho u^2 / 2} \tag{8.8}$$

式中，$p_{(j+1)}$ 为第 $j+1$ 级孔板前 $0.5D$ 处断面平均绝对压强。联合式（8.7）

和 (8.8)，则式 (8.6) 可以变为：

$$\sigma_{jc} - \sigma_{(j+1)c} = \xi_j \qquad (8.9)$$

上式进一步变形为：

$$\sigma_{(j+1)c} = \sigma_{jc} - \xi_j \qquad (8.10)$$

如果忽略次要矛盾，突出主要矛盾，对于孔板消能工的初生临界空化数和能量损失系数只考虑孔径比的影响，那么式 (8.10) 左边只与第 $j+1$ 级孔板的孔径比相关，式 (8.10) 的右边也只与第 j 级孔板的孔径比相关。因此在等空化安全余量的原则下，第 $j+1$ 级孔板的孔径比是第 j 级孔板孔径比的函数，即：

$$\eta_{(j+1)} = f_2(\eta_j) \qquad (8.11)$$

如果第一级孔板的孔径比为 η_1，则按照式 (8.11) 可以求得等空化原则下的第二级孔板的孔径比 η_2，以此类推，每级孔板的孔径比都可以用一个关于 η_1 的确定表达式求出。又由于能量损失系数主要是孔径比的函数，那么多级孔板总的能量损失系数可以用一个关于 η_1 的表达式来表示：

$$\sum_{j}^{n} \xi_j = f_3(\eta_1) \qquad (8.12)$$

结合式 (8.2) 和 (8.11)，可以得到：

$$f_3(\eta_1) = \left(\sum \xi_j\right)_{\text{design}} \qquad (8.13)$$

式 (8.13) 表明：在满足等空化余量的原则下，第一级孔板和其余各级孔板的孔径比均是总局部水头损失系数 $\left(\sum \xi_j\right)_{\text{design}}$ 的函数。如果多级孔板中的每级孔板都应该同时满足式 (8.4)、式 (8.10) 和式 (8.13) 的要求，则设计出的孔板泄洪洞既能满足实际工程中的泄流量和消能要求，同时也能保证它不遭受到空化破坏。式 (8.13) 中包含两个待确定的变量，它们分别是第一级孔板的孔径比 η_1 和多级孔板的级数 j。

为了确定等空化原则下的上下级孔板孔径比之间的关系［即实现式 (8.11) 中的具体经验函数关系］，有必要进行大量数值模拟。数值模拟还是采用第 2 章中的数学模型，边界条件处理也与第 2 章相同。上下级孔板具有等空化性的确定方法是：先固定第一级孔板的孔径比，然后选取第二级孔板的孔径比，通过数值计算，查看第一级、第二级孔板附近的最低压强是否始终一致，如果一致，则认为此两级孔板具有等空化性［即满足式（8.11）要求的上下级孔板的孔径比］；如果不一致，则更换第二级孔板的孔径比，继续数值计算并查看两级孔板附近的最低压强是否始终一致，直到找到一个与第一级孔板孔径比完全匹配的第二级孔板孔径比为止（匹配的原则是：两级孔板附近的最低压强始终一致）。为了避免两级孔板之间相互干扰，两级孔板之间的距离安排足够远。本次数值模拟安排两级孔板之间的间距为 $10D$（D 为泄洪洞直径）。数值模拟的结果见表 8.1。

表 8.1　等空化余量原则下的上下级孔板孔径比（$T/D = 0.1$）

η_j	0.400	0.500	0.600	0.700	0.800
η_{j+1}	0.550	0.640	0.715	0.780	0.855

表 8.1 中各符号的意义为：η_j 表示第 j 级孔板的孔径比；η_{j+1} 表示第 $j+1$ 级孔板的孔径比。运用表 8.1 中的数据，绘制成图 8.3，对图 8.3 中的曲线进行拟合，可得到等空化原则下的上下级孔板孔径比之间的经验关系：

$$\eta_{j+1} = 0.75\eta_j + 0.258 \tag{8.14}$$

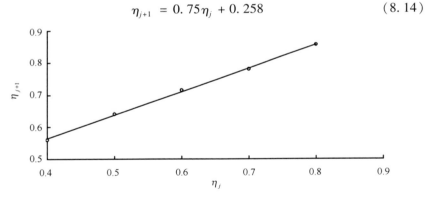

图 8.3　上下级孔板孔径比之间的关系（$\alpha = 0.1$）

式（8.14）是式（8.11）的具体形式。式（8.14）的实用范围是：适用于孔径比在 0.4~0.8 之间的孔板。多级孔板设计的关键是在满足总体设计流量要求和等空化安全余量原则前提下，寻找到第一级孔板的孔径比和所需要的孔板级数。有了第一级孔板的孔径比，其他孔板的孔径比可以根据式（8.14）依次求得。为了达到这一目标，可以采用试算法。具体的试算办法是：首先假定只用单级孔板就能满足设计要求，依照式（8.13）计算出单级孔板的孔径比；然后将计算出的单级孔板的孔径比代到式（8.4），查看是否满足式（8.4）的要求，如果满足，则所求的解正确，即采用单级孔板就能满足设计要求。如果单级孔板不满足设计要求，则加大孔板级数，即采用二级孔板消能，按照式（8.13）重新计算第一级孔板的孔径比，将计算得到的第一级孔板的孔径比代入式（8.4），看是否满足式（8.4）的要求，如果满足，则所求解正确，即采用二级孔板消能即能满足工程设计要求。如果二级孔板消能还不能满足工程要求，则继续加大孔板级数，直到求到满足式（8.4）的满意解为止。依照此设计流程可以设计出既满足工程泄流量要求，也满足消能要求和空化要求的多级孔板。

8.3 多级孔板的孔板间距

孔板间距会影响孔板的消能效果。有的文献主张孔板间距大约为 $3D$，各级孔板就能发挥正常的消能效果[158]；有的文献也主张只有当孔板间距达到 $5D$ 左右时，孔板之间的相互影响才基本消失[159]。研究和实践均表明，当各级孔板孔径比相同，且孔板间距为 $3D$ 时，与相应的单级孔板比较，第一级孔板的水头损失系数偏大，第二级孔板水头损失系数偏小，第三级孔板的水头损失系数又偏大。各级孔板水头损失系数从大到小的排列顺序为 $\xi_1 > \xi_3 > \xi_2$。产生这一现象的主要原因是：由于孔板与孔板之间的相互影响，导致各级孔板消能室内的水流流态、流速分布和压力分布稍有差别。

在等空化安全余量原则下设计出的多级孔板，由于各级孔板的孔径比均不相同，各级孔板之间的相互干扰会更大。为了尽量减少孔板间的相互干扰，寻求适当的孔板间距是非常必要的。本节采用数值模拟的方法，寻求在等空化安全余量原则下各级孔板之间的合理间距。数值模拟所采用的计算模型还是 RNG $k - \varepsilon$ 模型，计算边界条件的处理与第 2 章完全相同，计算的泄洪洞直径为 0.21 m。数值模拟的工况安排如下：在忽略孔板厚度对孔板水头损失系数影响下（本章所选择的孔板，其厚径比均为 0.1），应用图 8.3 和式（8.14）来设计上下两级孔板，孔板间距分别为 $5D$ 和 $5.5D$

（按照第 6 章的要求，孔板孔径比在 0.4~0.8 范围内，孔板间距达到
5.5D，孔板后的水流基本可恢复正常），计算各级孔板的能量损失系数，
并将计算结果与相应单级孔板的能量损失系数进行比较。计算结果见表
8.2。表 8.2 中各符号的意义如下：L/D 表示孔板间距与泄洪洞直径的比
值；η_j 为第 j 级孔板的孔径比；η_{j+1} 为第 $j+1$ 级孔板的孔径比；λ_j 为多级孔
板中的第 j 级孔板的能量损失系数与对应的单级孔板的能量损失系数的比
值，其定义如下：

$$\lambda_j = \frac{\xi_{jcal}}{\xi_j} \times 100\% \qquad (8.15)$$

式中，ξ_{jcal} 为本章模拟得出的第 j 级孔板的能量损失系数；ξ_j 为根据第 3 章
单级孔板能量损失系数经验公式计算出的相应单级孔板能量损失系数。

表 8.2　孔板间距不同时上下级孔板能量损失系数

孔板间距	η_j	η_{j+1}	$\lambda_j/\%$	$\lambda_{j+1}/\%$
	0.400	0.560	101	92.8
	0.500	0.640	102	61.4
5.0D	0.600	0.715	101	75.3
	0.700	0.780	103	87.2
	0.800	0.855	101	84.3
	0.400	0.560	100	98.5
	0.500	0.640	100	100.0
5.5D	0.600	0.715	100	99.4
	0.700	0.780	100	97.5
	0.800	0.855	100	95.3

　　表 8.2 表明：当孔板间距为 5D 时，第二级孔板的能量损失系数与相
应的单级孔板能量损失系数相比较，其能量损失系数大大减小。当孔板间
距达到 5.5D 时，两级孔板的能量损失系数分别与其对应的单级孔板能量
损失系数相比较，差别很小，最大值也不超过 5%。因此可以认为，当孔
径比在 0.4~0.8 范围之内时，孔板间距达到 5.5D，孔板间距对孔板能量
损失系数几乎无影响。在工程实际中，当运用等空化原则设计多级孔板
时，孔板间距取 5.5D 比较恰当。

8.4 多级孔板设计实例

某大型水利工程，由导流洞改建成泄洪洞，准备在泄洪洞内设置多级孔板来消能。泄洪洞上游水位 210 m，下游水位 10 m，泄洪洞直径 20 m，设计流量 2 754.3 m³/s，设计的沿程能量损失系数为 14.3。由式（8.1）计算出泄洪洞内的平均流速为 8.77 m/s，多级孔板段总的能量损失系数为 36.7，设计的第一级孔板空化数为 52。现按照上文所述的设计流程来进行多级孔板设计。

按照上文的设计流程，设计步骤如下：第一步，假设用单级孔板来消能。因为多级孔板总的能量损失系数要求达到 36.7，根据这一能量损失系数的要求，按照式（8.13）及式（3.12），计算出单级孔板的孔径比应为 0.48。按照 0.48 的孔径比计算出第一级孔板的初生空化数为 61.4，而设计要求第一级孔板的空化数为 52，因此这一结果不满足式（8.4）的要求，应该予以否定。第二步，假设将孔板级数增加一级，即采取二级孔板来消能。按照设计的多级孔板总能量损失系数的要求，结合式（8.11）、式（8.13）和式（3.12），计算出的第一级孔板和第二级孔板的孔径比分别为 0.5 和 0.64。按照孔径比为 0.5，计算出第一级孔板的初生空化数为 48.5，而 48.5 < 52，满足式（8.4）的要求。因此在本工程中宜采用孔径比分别为 0.5 和 0.64 的二级孔板消能。

按照上面实际工程的要求，数值模拟选取的泄洪洞直径为 20 m。在该泄洪洞内布置孔径比分别为 0.5 和 0.64 的二级孔板，两孔板之间的间距为 5.5D。计算模型选用 RNG $k - \varepsilon$ 模型，计算采用二阶迎风格式，边界条件的处理与第 2 章完全相同。每级孔板的空化数按照下式计算：

$$\sigma_j = \frac{p_j - p_v}{0.5\rho u^2} \qquad (8.16)$$

式中，p_j 为第 j 级孔板前 0.5D 处断面绝对平均压强；p_v 为饱和蒸汽压，本次计算中取 2 367.8 Pa。由于本工程中第一级孔板的设计空化数为 52，流速为 8.77 m/s，由式（8.15）可以反推导出第一级孔板前 0.5D 断面的平均压强为 2 002 103 Pa。因此在本次计算时操作压强点选择在第一级孔板前

0.5D 处的壁面，操作压强大小选择为 2 002 103 Pa。各级孔板消能率按照下式计算：

$$K_j = \frac{\Delta H_j}{H} \times 100\% \qquad (8.17)$$

式中，K_j 为第 j 级孔板的消能率，ΔH_j 为第 j 级孔板前后断面的压强差，前断面取第 j 级孔板前 0.5D 处断面，后断面取第 j 级孔板后 4D 处断面；H 表示该工程的总水头。计算结果见表 8.3。表 8.3 中各符号的意义为：σ 表示空化数；σ_c 表示临界初生空化数；$\sigma - \sigma_c$ 表示空化安全余量；ξ_j 表示第 j 级孔板的能量损失系数；ξ_{total} 为两级孔板总的能量损失系数；K_{total} 为两级孔板总的消能率。

表 8.3 二级孔板计算结果

孔板级数	σ	σ_c	$\sigma - \sigma_c$	ξ_j	K_j /%	ξ_{total}	K_{total} /%
No. 1	52	48. 5	3. 5	31. 7	62. 1	38. 9	76. 2
No. 2	20. 3	16. 4	3. 9	7. 2	14. 1		

从表 8.5 可以看出：按照本文的设计原则和流程设计出的二级孔板，前后两级孔板的空化安全余量相差不超过 1，同时各自的空化数均大于其初生空化数，不但保证了两级孔板不发生空化，而且前后两孔板完全具有等空化性。两级孔板总的能量损失系数比设计要求稍大，更有利于消能，总的消能率高达 76.2%，消能效果明显。因此，本文提出的多级孔板的设计原则和设计流程具有一定的可行性。

8.5 多级孔板设计试验研究

8.5.1 数值试验研究

空化往往首先发生在压强最低点。对于多级孔板而言，如果每级孔板附近的最低压强始终保持一致，则可认为各级孔板具有等空化特性。本节运用数值模拟的方法来验证按照图 8.3 和式（8.14）设计的二级孔板中各级孔板附近的最低压强是否时刻保持一致，也即是验证按照图8.3和式（8.14）设计的二级孔板是否具有等空化性。

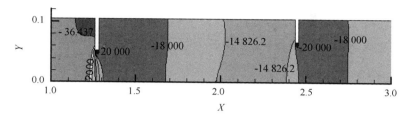

图8.4　二级孔板附近压强分布（$\eta_j = 0.5$，$\eta_{j+1} = 0.64$，$u = 1$ m/s）

　　为了验证等空化安全余量原则，本节设置了两种计算工况：第一种工况是固定入口流速为 1 m/s 不变，选择第一级孔板孔径比分别为 0.5、0.6、0.7 和 0.8，按照图 8.3 和式（8.14），第二级孔板的孔径比应分别选择为 0.64、0.715、0.78 和 0.855。计算的操作压强选择一个标准大气压。孔板附近压强分布如图 8.4 所示（第一级孔板孔径比为 0.5，第二级孔板孔径比为 0.64，入口流速为 1 m/s），计算出的各种工况两级孔板附近最低压强见表 8.4。第二种工况是按照图 8.3 和式（8.14）选择二级孔板的孔径比分别为 0.5 和 0.64，但入口流速分别为 3 m/s 和 5 m/s，计算的操作压强同样选择一个标准大气压下，计算结果见表 8.5。两种工况计算的泄洪洞直径为 0.21 m，孔板间距选择 5.5D。表 8.4 和表 8.5 中各种符号的意义如下：η_1 和 η_2 分别表示第一级和第二级孔板的孔径比；$p_{1\min}$ 表示第一级孔板附近的最低压强，单位为 N/m^2；$p_{2\min}$ 表示第二级孔板附近的最低压强，单位为 N/m^2；u 为泄洪洞内的平均流速，单位为 m/s。

表 8.4　流速为 1 m/s 时各级孔板附近最低压强

η_1	η_2	$p_{1\min}$ /（N·m^{-2}）	$p_{2\min}$ /（N·m^{-2}）	$p_{1\min}/0.5\rho u^2$	$p_{2\min}/0.5\rho u^2$
0.500	0.640	−24 271	−22 626	−48.5	−45.3
0.600	0.715	−10 854	−10 366	−21.7	−20.7
0.700	0.780	−5 251	−5 168	−10.5	−10.4
0.800	0.855	−2 631	−2 495	−5.2	−5.0

表 8.5　流速不同时各级孔板附近最低压强

$u/（m \cdot s^{-1}）$	η_1	η_2	$p_{1min}/（N \cdot m^{-2}）$	$p_{2min}/（N \cdot m^{-2}）$	$p_{1min}/0.5\rho u^2$	$p_{2min}/0.5\rho u^2$
1	0.5	0.64	− 24 271	− 22 626	− 48.5	− 45.3
3	0.5	0.64	− 218 808	− 205 231	− 48.6	− 45.7
5	0.5	0.64	− 608 547	− 571 317	− 48.7	− 45.7

从表 8.4 可以看出：按照图 8.3 和式（8.14）设计出来的孔板，当孔板间距为 5.5D，流速均为 1 m/s 时，前后两级孔板附近最低压强大致相同。表 8.5 也表明：按照图 8.3 和式（8.14）设计出来的二级孔板，当孔板间距为 5.5D 时，即使流速不同，第一级孔板附近的最低压强和第二级孔板附近的最低压强也始终保持大致相等。以上两种工况的计算结果说明，按照图 8.3 和式（8.14）设计出来的多级孔板不管流速变化还是不变化，每级孔板附近最低压强始终保持大致相等。由于空化往往发生在最低压强点附近，所以当有一级孔板附近最低压强低到水流的饱和蒸汽压而发生空化时，其他孔板附近的最低压强同样也会低到水流的饱和蒸汽压程度而发生空化，这就说明按照本文的设计原则设计出来的多级孔板具有等空化特性。

8.5.2　物理模型试验研究

物理模型试验采用两级孔板，按照式（8.14）的要求，第一级孔板的孔径比为 0.7，第二级孔板的孔径比为 0.78，两级孔板的厚径比均为 0.1，试验在两种工况下进行。第一种工况两级孔板的孔板间距为 5D，在常压下测量两级孔板各自的能量损失系数；第二种工况两级孔板的孔板间距为 5.5D，在此工况下，不但在常压下测量两级孔板各自的能量损失系数，而且还在减压箱中测试两级孔板是否在同一水位下空化初生。此两种工况的设置主要是用来验证式（8.14）的正确性；同时也用来探讨多级孔板之间的合理间距。

8.5.2.1　多级孔板常压试验成果

两种工况测得的压强沿程分布分别见图 8.5 和图 8.6。图 8.5 和图 8.6

表明：按照式（8.14）设置的两级孔板，每级孔板附近的最低压强都大致相等，这也间接证明按照式（8.14）设计多级孔板具有等空化性。从图 8.5、图 8.6 还可以看出，当孔板间距为 5.0D 时，水流流经第二级孔板前的压强还没完全恢复；但当孔板间距为 5.5D 时，水流流经第二级孔板前的压强几乎完全恢复。这就说明，对于孔板而言，两级孔板之间的孔板间距最好取 5.5D。

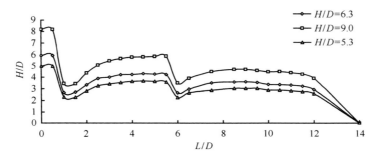

图 8.5 孔板间距为 5.0D 时的压力沿程分布

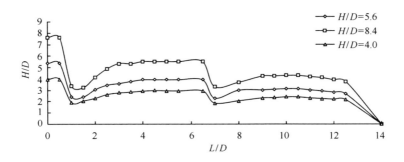

图 8.6 孔板间距为 5.5D 时的压力沿程分布

表 8.6 是两种工况下的实测资料。表 8.6 中各符号的意义为：H 表示水位；Q 表示流量；H_1 表示第一级孔板前 0.5D 处的壁面压强；H_2 表示第二级孔板前 0.5D 处的壁面压强；H_3 表示第二级孔板后 4D 处的壁面压强。按照单级孔板的试验成果，当在泄洪洞中安装孔径比为 0.7 的孔板，其能量损失系数大致为 4.2；当在泄洪洞中安装孔径比为 0.78 的孔板，其能量损失系数大致为 2.11。将表 8.6 中两级孔板能量损失系数试验资料与相应

孔径比单级孔板能量损失系数相比较，得到表 8.7。表 8.7 中 λ_j 的含义是指多级孔板中第 j 级孔板的能量损失系数所占相应孔径比单级孔板能量损失系数的百分比。

表 8.6　两级孔板试验资料

孔板间距	$H/$m	$Q/$ (m³·s⁻¹)	$H_1/$cm	$H_2/$cm	$H_3/$cm	ξ_1	ξ_2
	1.32	0.044 3	125	90	75	4.20	1.84
5.0D	1.88	0.053 5	172	122	99	4.11	1.89
	1.11	0.040 1	104	75	63	4.21	1.88
	1.17	0.042 3	113	81	65	4.21	2.11
5.5D	1.76	0.050 9	160	114	90	4.19	2.17
	0.84	0.035 1	83	61	50	4.20	2.10

表 8.7　各级孔板能量损失系数与相应单级孔板能量损失系数对比

孔板间距	水位 (H/D)	ξ_1	ξ_2	$\lambda_j/\%$	$\lambda_{j+1}/\%$
	6.3	4.20	1.84	100	86
5.0D	9.0	4.11	1.89	98	89
	5.3	4.21	1.88	100	89
	5.6	4.21	2.11	100	100
5.5D	8.4	4.19	2.17	99.8	103
	4.0	4.20	2.10	100	99.5

表 8.7 表明：按照等空化原则设计的两级孔板，当孔板间距为 5.0D 时，由于孔板之间的相互影响，第二级孔板不能很好发挥消能效果；但当孔板间距大于 5.5D 时，两级孔板之间的相互影响较小，两级孔板均能充分发挥各自的消能效果。因此在等空化原则下设计多级孔板，其孔板间距最好大于 5.5D。

8.5.2.2　多级孔板减压试验成果

减压试验模型比尺为 75。当水位为 52 m 时，肉眼观测两级孔板均未发生空化，分别采集该水位时的噪声作为背景噪声。随着水位不断上升，当水位达到85 m 左右时，可见第一级孔板后部有气泡发生，同时也见第二级孔板后部也出现空泡，但第二级孔板后的气泡数量要比第一级孔板后的气泡数量稍少。图 8.7 是测量出第一级孔板在水位为 52 m 时的背景噪声频谱和在水位为 85 m 左右时的初生空化噪声频谱。图 8.8 是测量出第二级孔板在水位为 52 m 时的背景噪声频谱和在水位为 85 m 左右时的初生空化噪声频谱。从图 8.7 和图 8.8 可以看出，当水位达到 85 m 时，两级孔板几乎同时发生初生空化。减压实验的结果表明，按照式（8.14）设计的多级平头孔板满足等空化原则。

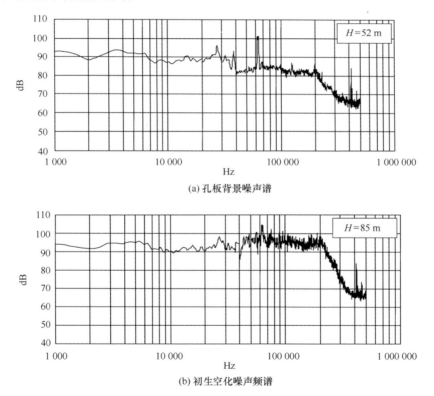

(a) 孔板背景噪声谱

(b) 初生空化噪声频谱

图 8.7   第一级孔板背景噪声频谱和初生空化噪声频谱

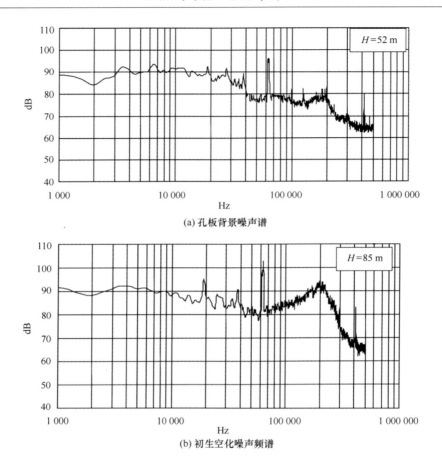

(a) 孔板背景噪声谱

(b) 初生空化噪声频谱

图 8.8　第二级孔板的背景噪声频谱和初生空化噪声频谱

8.6　本章小结

　　本章在综合分析孔板水力特性的基础上，提出了多级孔板设计的原则和方法，主要结论如下。

　　（1）多级孔板设计除了要满足设计流量和消能效果要求外，各级孔板在满足等空化安全余量的条件下，孔板的抗空化性能较好。

　　（2）提出了等空化原则下多级孔板上下级孔板孔径比之间关系的经验

表达式。

（3）按照等空化原则设计多级孔板时，为了使各级消能室有良好的流态，充分发挥各级孔板的消能效果，当孔径比在 0.4～0.8 之间时，孔板间距选择宜大于 5.5D。

9 结论与展望

9.1 重要结论

孔板式消能工因其布置简单、消能效率高等优点有良好的应用前景。本书针对孔板式消能工研究中的若干问题，采用理论分析、数值模拟和系列物理模型试验的方法，对孔板与洞塞流态的划分、孔板的能量损失损失系数、孔板与洞塞的消能特性比较、孔板的空化特性、多级孔板设计等方面进行了探讨，主要成果与结论如下。

（1）提出了孔板与洞塞流态划分的方法。结合孔板和洞塞水流的流动特性，提出了临界厚度的概念。理论分析表明，临界厚度主要与孔径比和雷诺数相关。运用数值模拟的方法，建立了临界厚度的经验表达式，并在此基础上提出了关于孔板与洞塞划分的方法。

（2）提出了平头孔板能量损失系数经验表达式。通过数值模拟的方法，在考虑孔板厚度影响的基础上，建立了孔板能量损失系数与其孔径比、孔板厚度之间的经验表达式。并通过物理模型试验对本文提出的能量损失系数经验表达式进行了检验，结果表明，用本文提出的经验表达式计算出的结果与模型试验得出的结果偏差不超过 10%。

（3）对孔板和洞塞在实际工程中应有的优势和劣势进行了比较分析。提出当孔径比相同时，孔板的消能效果比洞塞好；但此时洞塞的抗空化能力优于孔板。

（4）对常用的方形孔板、锐缘孔板以及圆角孔板的水力学特性进行了比较。

（5）研究了孔板的空化特性，研究结果表明，孔板的空化特性与孔径比及孔板厚度相关。孔径比越大，孔板越不容易遭受空化破坏；孔板厚度越大，孔板遭受空化破坏的风险也越小。

（6）提出了多级孔板设计的原则和方法。通过理论分析和前期研究成果的总结，在等空化安全余量（即各级孔板水流空化数与其初生空化数之差）的基础上，提出了多级孔板设计的一般原则和方法，并用数值模拟和物理模型试验（包括减压模型和常压模型）结果进行了验证。

9.2　未来展望

9.2.1　新体型孔板的研究和开发

本书重点是对平头孔板消能工的基本水力学特性进行了探讨，同时还对平头孔板与洞塞、方形孔板、锐缘孔板以及圆角孔板在实际工程应用中的优势和劣势进行了粗略的比较研究。事实上，关于孔板水力学特性的研究问题，本书还有很多方面没有涉足到，尤其是新体型孔板的研发，本书几乎没有论述。因此有必要加强新体型孔板的研发工作，以便更好地为实际工程提供优质服务。

9.2.2　非轴对称孔板的应用可行性及其水力特性的研究

目前孔板式消能工的研究主要集中在轴对称孔板消能工方面，但由于泄水建筑物可能的非轴对称性，需要采取非轴对称孔板消能。非轴对称孔板水流流动更为复杂，流动紊动的加剧，可能有更高的消能率，因此，开展非轴对称孔板的水力特性的研究是有意义的。

参 考 文 献

[1] 潘瑞文. 高坝挑流消能述评 [J]. 云南水力发电, 1998, 6 (3): 18 - 24.

[2] 肖兴斌. 底流水跃消能在工程中的应用与发展述评 [C] // 水利部长江水利委员会长江科学院. 泄水工程与高速水流情报网第三届全网大会论文集. 1990 (11): 100 - 112.

[3] Harthung F. 等. 坝顶自由溢流下的冲刷和防护措施 [A]. 周名德, 译. 南京水科所科技情报译文集, 1975 (2).

[4] 刘士和. 高速水流 [M]. 北京: 科学出版社, 2005: 91 - 92.

[5] 孙永娟, 孙双科. 高水头大单宽流量底流消能技术研究成果综述 [J]. 水力发电, 2005, 31 (8): 70 - 76.

[6] 李上游, 韦民翰. 浅谈我国新型消能工的研究和应用情况 [J]. 广西水利水电, 1995, 4 (2): 22 - 27.

[7] 肖兴斌. 高坝泄洪消能研究应用新发展述评 [J]. 四川水力发电, 1995, 6 (4): 60 - 66.

[8] 余常昭. 衔接消能问题与射流型流动 [J]. 水力发电学报, 1985, 12 (2): 1 - 7.

[9] Wu Jianhua, Wu Weiwei, Ruan Shiping. On necessity of placing an aerator in the bottom discharge tunnel at the longtan hydropower station [J]. Journal of Hydrodynamics: B, 2006, 18 (6): 698 - 701.

[10] Liu Shunjun, Xu Weilin, Wang Wei, et al. Aeration effect of submerged jet on hydraulic characteristics [J]. Journal of Hydrodynamics: B, 2002, 18 (3): 35 - 39.

[11] Dong Zhiyong. An experimental investigation of pressure and cavitation characteristics of high velocity flow over a cylindrical protrusion in the presence and absence of aeration [J]. Journal of Hydrodynamics: B, 2008, 20 (1): 60 - 66.

[12] Dai Guangqing, YangQing. An investigation of flow characteristic of aerated drag reduction in tube [J]. Journal of Hydrodynamics: B, 2002, 3: 102 - 105.

[13] Dong Zhiyong, Chenlei, Ju Wenjie. Cavitaion characteristics of high velocity flow with and without aeration on the order of 50 m/s [J]. Journal of Hydrodynamics: B, 2007, 19 (4): 429 - 433.

[14] 贾金生, 袁玉兰, 马忠丽. 2005 年中国与世界大坝建设情况 [EB/OL]. http: //www. icold - cigb. org. cn/news/y20070405. PDF, 2007.

［15］ 程琳，许新庆，葛庆胜．我国水电站泄洪消能措施现状与展望［J］．黄河水利职业技术学院院报，2004，16（4）：1-6.

［16］ 林秉南．我国高速水流消能技术的发展［J］．水利学报，1985（5）：23-30.

［17］ 陈宗梁．国外水电技术的发展［J］．中国工程科学，2002，4（4）：86-91.

［18］ 孙双科．我国高坝泄洪消能研究的最新进展［J］．中国水利水电科学研究院学报，2009，2（7）：249-255.

［19］ 张志恒．我国高坝枢纽布置与泄洪消能技术进展综述［J］．西北水资源与水工程，1991，2（2）：1-8.

［20］ 张昌兵．孔板型内消能工水力特性试验研究及数值模拟［D］．四川：四川大学，2003.

［21］ 夏维洪．苏联的旋流消能［J］．河海科技进展，1991（3）：29-40.

［22］ 郑林平，李岳军．水工隧洞内消能工的研究及应用进展［J］．水力发电，2006，32（9）：81-86.

［23］ 贺益英，杨帆．洞塞消能工在火电核电厂排水口消能消泡中的应用［J］．水利学报，2008，39（8）：976-983.

［24］ 董兴林，郭军，杨开林．高水头大流量泄洪洞内消能工研究进展［J］．中国水利水电科学研究院学报，2003，1（3）：185-190.

［25］ 向桐，才君眉．水工隧洞内消能工的研究与实践［J］．水利水电技术，1999，30（12）：69-75.

［26］ 林秀山，沈凤生．小浪底水利枢纽孔板泄洪消能研究［J］．水利水电技术，2000，31（1）：52-57.

［27］ 赵武生，史海英，牛贺道．小浪底工程孔板泄洪洞的消能影响因素研究［J］，黄河水利职业技术学院院报，2000，12（4）：8-13.

［28］ Niu Zhengming, Zhang Mingyuan. Basic hydrodynamics characteristics of cavity spiral flow in a large size level pipe［J］. Journal of Hydrodynamics：B, 2005, 17（4）：503-513.

［29］ Li Haifeng, Chen Hongxun. Formation and influencing factors of free surface vortex in a barrel with a central orifice at bottom［J］. Journal of Hydrodynamics：B, 2009, 21（2）：238-244.

［30］ Chen Yunliang. Hydraulic characteristics of vertical vortex at hydraulic intakes［J］. Journal of Hydrodynamics：B, 2007, 19（2）：143-149.

［31］ Quick M C. Analysis of spiral vortex and vertical slot vortex drop shifts［J］. Journal of Hydraulic Engineering, 1990, 116（3）：176-187.

［32］ 倪汉根，周晶，周迎新．坝身竖井旋流泄洪消能的设想［J］．大连理工大学学报，1999，39（2）：318－325.

［33］ 董兴林，高季章．超临界流旋涡竖井式溢洪道设计研究［J］．水力发电，1996（1）：44－49.

［34］ 董兴林，郭军，肖白云．高水头大泄量旋涡竖井式泄洪洞的设计研究［J］．水利学报，2000（11）：27－33.

［35］ 牛争鸣，张壮志，张宗孝．起旋器出口面积收缩率对水平旋流泄洪洞水力特性的影响［J］．长江科学院院报，2007，24（2）：1－7.

［36］ 邵敬东．漩流式竖井泄洪洞在沙牌工程中的应用［J］．水电站设计，2003，19（4）：61－66.

［37］ 李忠义，陈霞，陈美法．导流洞改建为孔板泄洪洞水力学问题研究［J］．水利学报，1997（2）：1－7.

［38］ 丁则裕，才君眉．泄洪洞内多级孔板消能效果的试验研究［J］．水力发电学报，1986（4）：37－43.

［39］ 董建伟．洞塞式和直弯式消能工水力特性的数值模拟和实验研究［D］．四川：四川大学，2002.

［40］ Teyssandier R G, Wilson M P. An analysis of flow through sudden enlargements in pipes［J］. Journal of Fluid Mech, 1974, 64（6）：85－95.

［41］ Oliveira P J, Pinho F T. A General correlation for the local loss coefficient in newtonian axisymmetric sudden expansions［J］. Journal of Heat and Fluid Flow, 1998, 19（7）：655－660.

［42］ Bullen P R, Cheeseman, D J. The determination of pipe contraction pressure loss coefficients for incompressible turbulent flow［J］. Journal of Heat and Fluid Flow, 1987, 8（6）：111－118.

［43］ 田忠．洞塞式内消能工的水力特性研究［D］．四川：四川大学，2006.

［44］ Liu Jie, Wei Caixin. Effect of enlarged free jet on energy conversion in pelton turbine［J］. Journal of Hydrodynamics：B, 2006, 18（2）：211－218.

［45］ Ru Shuxun, He Xuemin, Dai Guangqing. Experimental investigation on steady three dimensional vortex flow field through horizontal orifices［J］. Journal of Hydrodynamics：B, 1993（4）：78－84.

［46］ Ku Xiaoke, Lin Jianzhong. Fiber orientation distributions in slit channel flows with abrupt expansion for fiber suspensions［J］. Journal of Hydrodynamics：B, 2008, 20（6）：696－705.

[47] Fu Chunquan. Finite volume method for simulation of viscoelastic flow through an expansion channel [J]. Journal of Hydrodynamics: B, 2009, 21 (3): 360 – 365.

[48] Xu Jinglei, Sha Jiang, Lin Chunfeng, et al. PIV experimental research of instantaneous flow characteristics of circular orifice synthetic jet [J]. Journal of Hydrodynamics: B, 2007, 19 (4): 453 – 458.

[49] Fearn R M, Mullin T. Flow phenomena in a symmetric sudden expansion [J]. Journal of Fluid Mech, 1990, 211 (5): 595 – 608.

[50] Pak, B, Cho, Y L. Separation and reattachment of non-newtonian fluid flows in a sudden expansion pipe [J]. Journal of Non-newt. Fluid Mech, 1990, (37): 175 – 199.

[51] 李家星, 赵振兴. 水力学 [M]. 南京: 河海大学出版社, 2001: 172 – 178.

[52] Samuel O Russell, James W Ball. Sudden – enlargement energy dissipater for mica dam [J]. Journal of the Hydraulics Division, ASCE, 1967, 93 (4): 41 – 56.

[53] 陈琳, 王小霞. 小浪底工程1号孔板泄洪洞水流空化原型试验研究 [J]. 水力发电, 2006, 32 (2): 71 – 77.

[54] 王江涛, 张东升. 小浪底孔板消能泄洪洞过流原型观测试验 [J]. 中国水利, 2004 (12): 22 – 28.

[55] Zhang Ziji, Cai Junmei. Compromise orifice geometry to minimize pressure drop [J]. Journal of Hydraulic Engineering, ASCE, 1999, 125 (11): 1150 – 1153.

[56] Zhang Q Y, Chai B Q. Hydraulic characteristic of multistage orifice tunnels [J]. Journal of Hydraulic Engineering, ASCE, 2001, 127 (8): 663 – 670.

[57] Nagar S. Lakshmana Rao, Kalambur Sridharan. Orifice losses for laminar approach flow [J]. Journal of the Hydraulics Division, ASCE, 1972, 98 (11): 2015 – 2035.

[58] David Graber S. Asymmetric flow in symmetric expansions [J]. Journal of the Hydraulics Division, ASCE, 1982, 108 (10): 1082 – 1100.

[59] Zeng Zhuoxiong. Second-order moment two-phase turbulence model accounting for turbulence modulation in swirling sudden-expansion chamber [J]. Journal of Hydrodynamics: B, 2008, 20 (1): 54 – 59.

[60] Prabhulal R. Mehta. Separated flow through large sudden expansions [J]. Journal of the Hydraulics Division, ASCE, 1981, 107 (4): 451 – 460.

[61] 杨涛, 王晓松, 夏庆福. 小浪底工程2号孔板泄洪洞孔板段压力特性原型观测 [J]. 水力发电, 2004, 30 (9): 42 – 49.

[62] 王德昌, 乐培九. 管流中孔板消能的试验研究 [J]. 水动力学研究与进展: A辑, 1987, 2 (3): 41 – 47.

［63］　刘善均，杨永全，许唯临. 洞塞泄洪洞的水力特性研究［J］. 水利学报，2002
　　　　（7）：42 － 48.

［64］　才君眉，沈熊. 有压泄洪洞多级孔板消能室的紊流特性试验研究［J］. 水利
　　　　学报，1987（4）：52 － 58.

［65］　曲景学，杨永全，张建民，等. 消能孔板空化特性的数值模拟［J］. 四川大学
　　　　学报：工程科学版，2001，33（3）：30 － 34.

［66］　田忠，许唯临，刘善均. 组合式洞塞消能工的数值模拟［J］. 水利水电科技进
　　　　展，2005，25（3）：8 － 15.

［67］　曲景学. 孔板泄洪洞初生空化试验及数值模拟研究［D］. 四川：四川大
　　　　学，2001.

［68］　Zhang Dong, Liu Zhiping, Jin Tailai, et al. Cavitation inception witnessed by sound
　　　　pressure level in model test and prototype observation［J］. Journal of Hydrodynam-
　　　　ics：B, 2004, 16（2）：227 － 232.

［69］　Mørch K A. Cavitation nuclei：experiments and theory［J］. Journal of Hydrody-
　　　　namics：B, 2009, 21（2）：176 － 189.

［70］　Yang Zhiming, Ding Yujian. Comparison of results on cavitation inception for checking
　　　　the scale effects［J］. Journal of Hydrodynamics：B, 2004, 16（3）：308 － 311.

［71］　Xu Rongqing. Experimental and theoretical study of cavitation － induced mechanical
　　　　effect on a solid boundary［J］. Journal of Hydrodynamics：B, 2005, 17（6）：
　　　　724 － 729.

［72］　杨庆，张建民，戴光清. 空化形成机理及比尺效应［J］. 水力发电，2004，30
　　　　（4）：56 － 61.

［73］　夏维洪. 初生空化的模型数据应用到原型上的问题［J］. 水利水运科学研究，
　　　　1993（4）：371 － 377.

［74］　黄建波，倪汉根. 初生空化的主要影响因素及比尺影响［J］. 大连工学院学
　　　　报，1987，26（2）：87 － 94.

［75］　夏维洪，孙景琴，贾春英. 减压模型的初生空化相似律［J］. 水利学报，1985
　　　　（9）：49 － 55.

［76］　Moon L F, Rudinger G. Velocity distribution in an abruptly expanding circular duct
　　　　［J］. Journal of Fluid Engineering, ASME, 1977, 3（7）：226 － 230.

［77］　黄建波，刘宝清. 初生空化数的计算模型［J］. 大连理工大学学报，1993，33
　　　　（1）：50 － 56.

［78］　赵文华，杨永全，吴持恭. 多级消能孔板的数值优化研究［J］. 四川水利，

1994, 15 (6): 1 - 6.

[79] 苏铭德. 有压管道双孔板水流流场的数值模拟 [J]. 力学学报, 1995, 27 (6): 641 - 648.

[80] 支道枢, 崔延涛. 多级消能孔板流场的数值模拟 [J]. 水力发电学报, 1988 (1): 46 - 51.

[81] 何子干, 倪汉根, 徐福生. 某水库孔板消能泄洪洞孔板区紊流场计算 [J]. 水力发电学报, 1987 (4): 34 - 41.

[82] 郭金基, 陈彤, 刘绍球. 有限空间轴对称射流流场的数值模拟 [J]. 宇航学报, 1993 (4): 16 - 22.

[83] 方红, 冯卫民. 有压管道双孔板过流流场的数值模拟 [J]. 人民黄河, 2006, 28 (5): 57 - 61.

[84] Stamou, Demetros G. Chapsas. 3 - D Numerical modeling of supercritical flow in gradual expansions [J]. Journal of Hydraulic Research, 2008, 46 (3): 402 - 409.

[85] Dong Jianwei, Xu Weilin, Deng Jun, et al. Numerical simulation of turbulent flow through throat - type energy dissipators [J]. Journal of Hydrodynamics: B, 2002 (3): 135 - 138.

[86] Yang Yongquan, Zhao Haiheng. Numerical simulations of turbulent flows passed through an orifice energy dissipator within a flood discharge tunnel [J]. Journal of Hydrodynamics, Ser. B, 1992 (3): 27 - 33.

[87] Liu Xiaobing, Zeng Yongzhong. Numerical prediction of vortex flow in hydraulic turbine draft tube for LES [J]. Journal of Hydrodynamics: B, 2005, 17 (4): 448 - 454.

[88] Deng Jian, Ren Anlu, Zou Jianfeng. Numerical simulation of three - dimensional vortex dynamics in wake of a circular cylinder [J]. Journal of Hydrodynamics: B, 2005, 17 (3): 344 - 351.

[89] Wang Qian, Nobuyoshi Kawabata, Motoyoshi Tachibana. Numerical simulation on emergency tunnel fires with transverse ventilation [J]. Journal of Hydrodynamics: B, 1999, 3: 111 - 126.

[90] 李会雄, 周芳德, 陈学俊. 管内湍流旋流的数值计算 [J]. 应用力学学报, 1994, 11 (2): 19 - 25.

[91] 金忠青. 在水工水力学中应用紊流模型的若干问题 [J]. 河海大学学报, 1988, 16 (2): 123 - 130.

[92] 李文华, 苏明军. 常用湍流模型及其在 FLUENT 软件中的应用 [J]. 水泵技

术, 2006 (4): 39-45.

[93] Durrett R P, Stevenson W H. Radial and axial turbulent flow measurements with an LDV in an axisymmetric sudden expansion air flow [J]. Journal of Fluid Engineering, ASME, 1988, 110 (12): 367-372.

[94] Joseph P. Bohan. Mechanics of stratified flow through orifice [J]. Journal of the Hydraulics Division, ASCE, 1970, 96 (12): 2401-2417.

[95] Prabhulal R, Mehta. Flow characteristics in two-dimensional expansions [J]. Journal of Hydraulics Division, ASCE, 1979, 105 (5): 501-517.

[96] Fossa M, Guglielmini G. Pressure drop and void fraction profiles during horizontal flow through thin and thick orifices [J]. Journal of Experimental Thermal and Fluid Science, 2002 (26): 513-523.

[97] 赵慧琴. 多级孔板消能系数问题探讨 [J]. 水利水电技术, 1993 (6): 45-50.

[98] 华绍曾, 杨学宁. 实用流体阻力手册 [M]. 北京: 国防工业出版社, 1985.

[99] 细井正延, 杉山锦雄. 水理学 [M]. 东京: 株式会社.

[100] 才君眉, 张子冀. 孔板消能工的体型对隧洞泄洪消能的影响 [J]. 水力发电学报, 1994 (3): 48-56.

[101] 高建生, 丁则裕, 沈熊. 有压管道双孔板水流消能特性试验研究 [J]. 水利学报, 1989 (10): 19-27.

[102] 刘群. 多级孔板消能在大梁水库放水洞中的研究应用 [J]. 水利水电技术, 1994 (9): 2-8.

[103] William Rahmeyer. Energy dissipation and limiting discharge with orifices [J]. Journal of Transportation Engineering, 1988, 114 (3): 232-238.

[104] Bai Lixin, Xu Weilin, Tian Zhong, Li Naiwen. A high-speed photographic study of ultrasonic cavitation near rigid boundary [J]. Journal of Hydrodynamics: B, 2008, 20 (5): 637-644.

[105] Zuo Zhigang, Li Shengcai. An attribution of cavitation resonance: volumetric oscillations of cloudy [J]. Journal of Hydrodynamics: B, 2009, 21 (2): 152-158.

[106] Ji Zhiye. A study on cavitation and cavitation damage in a cavitation tunnel [J]. Journal of Hydrodynamics: B, 1993 (3): 65-74.

[107] Dong Zhiyong. Cavitation control by aeration and its compressible characteristics [J]. Journal of Hydrodynamics: B, 2006, 18 (4): 499-504.

[108] Leucker R, Mohn R, Rouve G. Cavitation inception in turbulent shear layers [J]. Journal of Hydrodynamics: B, 1991 (4): 109-117.

[109] 柯乃普 R T, 戴利 J W, 哈密脱 F G. 空化与空蚀 [M]. 北京：水利水电出版社, 1981.

[110] Yang Zhiming. Discussion on mechanism of cavitation damage on super high dams [J]. Journal of Hydrodynamics：B, 2000 (4)：84 – 87.

[111] Lu Li. Experimental investigation on bubble collapse near boundaries [J]. Journal of Hydrodynamics：B, 1997 (2)：78 – 85.

[112] Jin Tailai, Liu Changgeng, Liu Xiaomei. Cavitation inception of gate slots [J]. Journal of Hydrodynamics：B, 1993 (2)：30 – 44.

[113] Jin Tailai, Tao Fangxuan, Yue Yuanzhang, et al. IWHR high speed water tunnel for cavitation research [J]. Journal of Hydrodynamics：B, 1989 (4)：59 – 66.

[114] 倪汉根, 杨景芳, 王庆国. 竖井孔板泄流消能塔的水力与振动试验 [J]. 水利学报, 1999 (1)：17 – 24.

[115] 张力霆, 齐清兰. 固体边壁上点面脉动压力转换的数学推导 [J]. 数学的实践与认识, 2003, 33 (10)：78 – 84.

[116] 路观平. 随机脉动水压力作用下的结构响应 [J]. 水利学报, 1993 (12)：70 – 77.

[117] 丁灼仪. 泄水建筑物水流脉动压力振幅统计特性的探讨 [J]. 水利学报, 1984 (4)：50 – 57.

[118] 黄景泉, 龚光寅, 武延详. 空化噪声的试验研究 [J]. 水动力学研究与进展：A 辑, 1988, 3 (4)：8 – 15.

[119] 尚宏琦. 水流初生空化噪声机理分析及实验研究 [J]. 水动力学研究与进展：A 辑, 1991, 6 (3)：41 – 47.

[120] 吴建华, 柴恭纯. 空化噪声研究综述 [J]. 水利水运科学研究, 1990 (3)：323 – 328.

[121] 徐福生, 于明详, 刘树军. 多级孔板空化与脉动壁压特性 [J]. 水动力学研究与进展：A 辑, 1988, 3 (3)：68 – 74.

[122] 倪汉根. 孔板泄洪洞初生空化数的估计 [J]. 水动力学研究与进展：A 辑, 1995, 10 (4)：419 – 425.

[123] 倪汉根. 初生空化数比尺效应的修正 [J]. 水利学报, 1999 (9)：28 – 35.

[124] Paul J, Tullis and Govindarajan. Cavitations and Size Scale Effects for Orifices [J]. Journal of Hydraulics Division, 1973, 99 (3)：417 – 430.

[125] James W Ball, J. Paul Tullis. Predicting cavitation in sudden enlargements [J]. Journal of Hydraulics division, ASCE, 1975, 101 (7)：857 – 870.

[126] Kim B C, Pak B C. Effects of cavitation and plate thickness on small diameter ratio orifice meters [J]. Journal of Flow Measurement and Instrumentation, 1997 8 (2): 85 – 92.

[127] Kei Takahashi, Hiroyuki Matsuda. Cavitation characteristics of restriction orifices, CAV2001, sessionA9 – 006, 1 – 8.

[128] 赵世俊, 李桂芬, 周胜. 水流脉动压力研究中的几个问题 [J]. 水利学报, 1959 (2): 48 – 55.

[129] 黄涛. 水流压力脉动的特性及模型相似律 [J]. 水利学报, 1993 (1): 51 – 57.

[130] 倪汉根. 水流脉动压力的相似律 [J]. 大连工学院学报, 1982, 21 (1): 107 – 113.

[131] 孙小鹏, 薛盘珍. 泄流的压力脉动及其概化设计 [J]. 水动力学研究与进展: A 辑, 1997, 12 (1): 102 – 107.

[132] 刘清朝, 李桂芬, 谢省宗. 泄洪洞孔板式消能工的多尺度紊流分析 [J]. 水力发电学报, 1993 (41): 27 – 33.

[133] 王木兰, 俞国青, 朱党生. 多级孔板消能的脉动压力研究及熵谱分析 [J]. 河海大学学报, 1992, 20 (1): 93 – 98.

[134] 崔广涛, 彭新民, 齐清兰. 多级孔板管道壁压脉动特性 [J]. 水利学报, 1990 (9): 1 – 7.

[135] 才君眉, 马俊, 张子冀, 等. 孔板流场的二维激光测速试验研究 [J]. 水力发电学报, 1999 (4): 53 – 58.

[136] 赵慧琴, 武彩萍. 孔板泄洪洞脉动压力特性浅析 [J]. 水电站设计, 1995, 11 (4): 60 – 67.

[137] 四川大学高速水力学国家重点实验室. 溪洛渡水电站 5 号非常泄洪洞洞塞消能方案水工模型试验研究 [R]. 成都: 四川大学高速水力学国家重点实验室, 2001.

[138] Zhang Changbing, Yang Yongquan. 3 – D Numerical Simulation of Flow through an Orifice Spillway Tunnel [J]. Journal of Hydrodynamics: B, 2002 (3): 83 – 90.

[139] Kwag Seung Hyun. Large eddy simulation (LES) of turbulent flow by finite difference method [J]. Journal of Hydrodynamics: B, 2004, 16 (4): 403 – 409.

[140] Chen Qingguang, Xu Zhong. Application of two versions of a RNG based $k – \varepsilon$ model to numerical simulations of turbulent impinging jet flow [J]. Journal of Hydrodynamics: B, 2003, 2: 71 – 76.

[141] Zhang Yifan. Comparison of $k – \varepsilon$ and $k – \omega$ turbulence models for simulation of shal-

low recirculating flows in an open channel [J]. Journal of Hydrodynamics: B, 1998 (2): 74 – 86.

[142] Wang Xiaojian, Cheng Liang. Numerical analysis of side discharges into a channel flow using an RNG $k - \varepsilon$ model [J]. Journal of Hydrodynamics: B, 1999, (3): 44 – 47.

[143] 张建民, 许唯临, 刘善均, 王韦. 突扩突缩式内流消能工的数值模拟研究 [J]. 水利学报, 2005 (1): 27 – 33.

[144] 张庄, 王柳. 提高分离紊流计算精度的探讨 [J]. 水动力学研究与进展: A 辑, 1995, 9 (5): 541 – 547.

[145] Yang Yongquan, Zhao Haiheng. Numerical simulation of turbulent flows passed through an orifice energy dissipater within a flood discharge tunnel [J]. Journal of Hydrodynamics: B, 1992, 4 (3): 8 – 14.

[146] Qu Jingxue, Xu Weilin, Yang Yongquan. Numerical simulation of flow through orifice energy dissipaters in xiaolangdi flood-discharge tunnel [J]. Journal of Hydrodynamics: B, 2000, 12 (3): 41 – 46.

[147] 艾万政, 吴建华. 跌坎空腔水力特性研究 [J]. 中国农村水利水电, 2009 (5): 139 – 142.

[148] 黄景泉. 空化起始条件的确定 [J]. 应用数学和力学, 1989, 10 (2): 155 – 162.

[149] 黄景泉, 韩成才. 气核尺度对空化现象的影响 [J]. 应用数学和力学, 1992, 13 (4): 341 – 348.

[150] 齐清兰. 多级孔板消能工壁压脉动特性研究 [J]. 河北水利专科学校学报, 1990 (1): 9 – 18.

[151] 孙小鹏. 压力脉动下空化的概率估计 [J]. 水利学报, 1988 (12): 65 – 71.

[152] 杨庆, 张建民, 戴光清. 脉动压力对空化的影响 [J]. 四川大学学报: 工程科学版, 2004, 364 (4): 19 – 25.

[153] 蔡文洁. 水流空化现象的声学检测法及空化噪声的脉冲计数率 [J]. 水利学报, 1983 (3): 49 – 56.

[154] 吴建华, 柴恭纯, 王河生. 空化噪声量测结构的声学性能研究 [J]. 水动力学研究与进展: A 辑, 1991, 6 (1): 52 – 58.

[155] Huang Jingchuan, Cong Guangyin, Wu Yanxiang, et al. Experimental investigation of cavitation noise [J]. Journal of Hydrodynamics: B, 1990 (1): 74 – 83.

[156] Ni Hangen, Guo Yan. An experimental study on incipient cavitation erosion of flood discharge tunnel with orifice [J]. Journal of Hydrodynamics: B, 1992 (3):

59 – 65.

[157] Huang Jianbo. Prediction of cavitation inception in pipelines [J]. Journal of Hydrodynamics: B, 1992 (3): 35 – 40.

[158] Xu Fusheng, Yu Mingxiang, Liu Shujun. The characteristics of multi-Orifice [J]. Journal of Hydrodynamics: B, 1989 (1): 31 – 38.

[159] 何宁, 赵振兴. 孔板消能问题数值研究 [J]. 水动力学研究与进展: A 辑, 2009, 24 (3): 358 – 364.